典藏诵读版

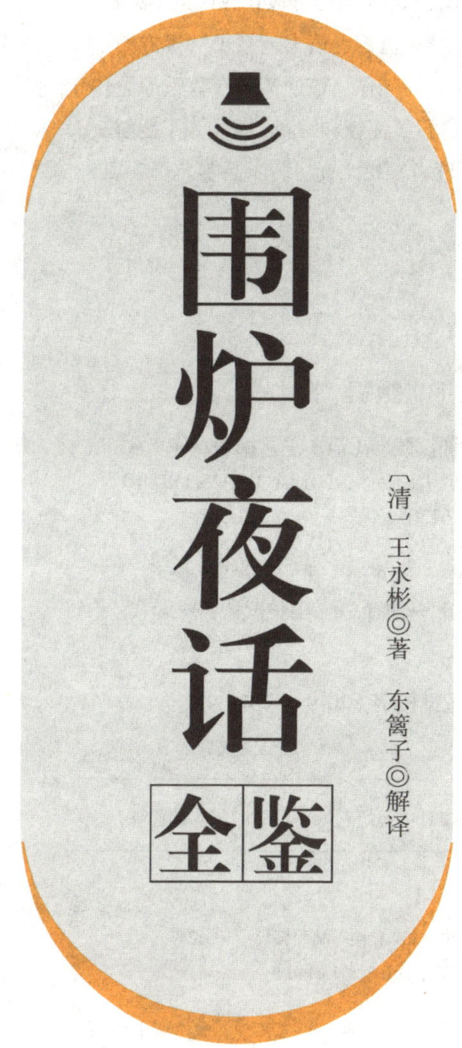

〔清〕王永彬◎著
东篱子◎解译

国家一级出版社 中国纺织出版社 全国百佳图书出版单位

内 容 提 要

《围炉夜话》是明清时期著名的文学品评著作，对于当时以及之前的文坛掌故，人、事、文章等分段作评议论。以“安身立业”为话题，从“修身、道德、读书、教子”等方面加以分析，是修身养性的代表性佳作。该诵读版在尊重原著作品的基础上，对晦涩字词进行了注音和解释，并加入了题解，特别配有朗诵音频，以便读者轻松阅读、聆听品鉴。

图书在版编目（CIP）数据

围炉夜话全鉴：典藏诵读版 / （清）王永彬著；东篱子解译. --北京：中国纺织出版社，2019.6（2025.1重印）

ISBN 978－7－5180－6130－3

Ⅰ. ①围… Ⅱ. ①王… ②东… Ⅲ. ①个人—修养—中国—清代 ②《围炉夜话》—注释 ③《围炉夜话》—译文 Ⅳ. ①B825

中国版本图书馆CIP数据核字（2019）第071599号

策划编辑：陈　芳　　责任校对：楼旭红　　责任印制：储志伟

中国纺织出版社出版发行
地址：北京市朝阳区百子湾东里 A407 号楼　邮政编码：100124
销售电话：010—67004422　传真：010—87155801
http：//www.c-textilep.com
E-mail：faxing@c-textilep.com
中国纺织出版社天猫旗舰店
官方微博 http://weibo.com/2119887771
三河市祥达印刷包装有限公司印刷　各地新华书店经销
2019 年 6 月第 1 版　2025 年 1 月第 3 次印刷
开本：710×1000　1/16　印张：20
字数：284 千字　定价：59.80 元

前言

清咸丰时人王永彬所写《围炉夜话》深得后人的追捧，它和明代人洪应明写的《菜根谭》、陈继儒写的《小窗幽记》并称“处世三大奇书”。那么，为什么《围炉夜话》具有如此大的影响力呢？

《围炉夜话》作者虚拟了一个冬日拥着火炉，至交好友畅谈文艺的情境，以“安身立业”为中心思想，分别从道德、修身、读书、安贫乐道、教子、忠孝和勤俭等十个方面，诠释“立德，立功，立言”皆以“立业”为本的深刻含义。作者将自己对生活的感悟、性灵之语，随得随录，汇集而文，在平淡的叙述中，道出了琐碎生活中做人的道理，平实而又清幽，无突兀且无说教，恬然间沁人心脾。本书语言亲切、自然、易读，并由于其独到见解在文学史上占有重要地位。

作者王永彬不喜欢科举，很晚才获得贡生科名，后从事教育方面的工作，因深受儒家思想熏陶，在教学中，修养己身而后教，他首先注重学生修身，其次才强调治学，不以科举应试为唯一目的。并对于乡人，见善必赏；

见过必反复规劝，一定要使其彻底改正。另外，他为人不爱荣华富贵，生性纯茂冲远。光绪《荆州府志》记载：“王永彬，字宜山，岁贡生，性孝友，隐居教授。邑令朱锡绶耳其名，虚心造访，永彬凿坯而遁。”恪守“先令学生修身，次教其治学”的节操，“与友人一起每酒醉高论，说到古忠孝义烈之事，则沽襟涕泗不能止”。王永彬体现了古代平民知识分子少有的担当和操持，心中长存为天地立心、为万民请命的忧患的胸怀。生活安逸、仕途得意之时如此，时运不佳、每况愈下之际更甚，且能淡然视之。这是中国传统文化的精髓所在，因其厚重与博大，润泽其中的温厚思想更是动人。

《围炉夜话全鉴：典藏诵读版》不仅对原文进行详细的译注，更对每一则短文进行深入解读，让读者深刻理解里面的意境和精神内涵。可以说，本书满足不同知识层次的读者阅读。

古人认为，雪夜拥被读书和围炉夜话乃人生的两件乐事，这对现代人来说，送走喧嚣的白昼，不论是炉边还是日光灯下，能静下心来读这一本书，和思想大师对话，又何尝不是一件人生乐事？所以，灯火夜深书有味，还是让我们一起细细品味《围炉夜话》中的情趣吧！

解译者

2018 年 12 月

第001则
——教幼正大光明，检心忧勤惕厉

【原文】

教子弟①于幼时，便当有正大光明气象②；

检身心③于平日，不可无忧勤惕（tì）厉④工夫。

【注释】

①子弟：对于后辈的统称。《荀子·非十二子》："遇长则修子弟之义。"

②气象：气概，人的言行态度。

③身心：身指所言所行，心指所思所想。

④忧勤惕（tì）厉：担忧不够勤奋，戒惧无所磨炼。惕厉，心存戒惧。

【译文】

教导晚辈要从他们幼年开始，以便培养他们正直宏大、光明磊落的气概；在日常生活中要时时反省自己的行为思想，不能没有自我督促奋进和自我砥砺前行的修养。

【解析】

家长教导子女，有"树大自然直"的说法，该说法认为孩子随着年龄的增长，自然循规蹈矩，有礼有节。其实，这是一个悖论，既然"自然直气"那么世上为何又有那么多的"歪脖柳"呢？可见因为幼时的匡正，对一个人的成长是必不可少的。

这一警句的亮点在于"光明正大之气象"。诚然，"赢在起跑线"已经风靡当下，甚至从胎儿始，便把各种早教项目提上了日程，但独独缺少了关注人格气概的养成与陶冶。延展到教育心理学领域，似乎"光明正大之气象"，类似于培养孩子气概方面的情商，任何“重学识轻修养”的论调都是有所偏颇的，这就如同长短板的“木桶理论”，学识再卓著，一旦情商与高洁大气的格调有所欠缺，那么，孩子这一“作品”，无论家长如何对之精雕细琢，也未必能成大器！

同理，但凡“吾日省三身”般的反思自身的行为，以及自我鞭策与砥砺的行为，均是修炼“光明正大之气象”之基石。这也印证了一句话：树正须早扶，人正根基粗。

所以，在平日的生活中，也要注意自身的修养，随时自我反省。《论语·学而》：“为人谋而不忠乎？与朋友交而不信乎？传不习乎？”这是孔子的学生曾参的“三省”名言。意思是说，为别人做事是不是尽心尽力？与朋友交往是不是很诚实？有没有温习老师传授的知识？这表明，无论是求学还是修身，都要经常自我反省，这样才能保持优点，改正缺点，不断完善自己。

检身心于平日的砥砺，贵在“三慎”：一是“慎微”，即“于细微处见精神”，从小事小节、一点一滴、细致入微处陶冶磨炼，做到“勿以善小而不为，勿以恶小而为之”；二是“慎隐”，即“入暗室而不欺”，在无人知晓、无人监督的情况下，不做亏心事，不取不义财，依靠自身的信念和毅力，自觉地洁心地、正身行，择善而从，保持高风亮节，致力有所作为；三是“慎恒”，即持之以恒，锲而不舍，反复雕琢，始终如一地保持高远的志向、艰苦的锻造。这样，才能在日后的工作、学

习、生活和为人处世的各个方面，都能保持一种襟怀坦白、光明磊落、雍容大度的气质风范。

第002则
——交友学友之长，读书在知而行

【原文】

与朋友交游①，须将他好处②留心学来，方能受益；

对圣贤言语，必要我平时照样行去，才算读书。

【注释】

①交游：和朋友间往来交际。

②好处：优点、长处。

【译文】

与朋友们的交流来往，一定要注意观察朋友们的优点和长处，将他们各方面突出的地方加以学习，这样才能从与朋友的交流中受益。对古代圣贤或先哲们的良言警句，一定要在平时的生活中遵照去做，这样才算是读好了圣贤书。

【解析】

《论语·述而》："三人行，必有我师焉。择其善者而从之，其不善者而改之。"意思是几个人一起走路，其中一定有值得我学习的老师。我选择他好的方面向他学习，看到他不好的方面就对照自己改正自己的缺点。孔子虚心向别人学习的精神十分可贵，但更可贵的是，他不仅要以善者为师，而且以不善者为师，这其中包含深刻的哲理。他的这段话，对于指导我们处世待人、修身养性、增长知识，都是有益的。因为每一个人都有长处和短处，取人之长，补己之短，方能不断进步。交朋友并不是一件容易的事，如果漫不经心地交朋友，或是只交一些酒肉朋友，很可能只学到朋友的短处，而学不到长处。如此一来，自己不但毫无长进，反而日渐退步，交朋友便成为有害的事了。因此与朋友交往，不能只想在一起游玩，应在言行举止中，观察朋友的长处，诚心诚意地学习。自己更要分辨什么是好的，什么是不好的；好的才该学，不好的不该学，那么无论什么朋友，对自己都是益友了。

我们读书，对于古圣贤乃至于当代贤哲的言语，如果不在日常生活中加以实践的话，并不能真正得到读书的好处。陆游有一首教子诗《冬夜读书示子侄》："纸上得来终觉浅，绝知此事要躬行。"意思是纸上得来的东西感受总不是很深刻，要真正弄明白其中的深意，往往来自生活实践中自身的真实体验。很多东西都是自己碰过壁，吃过苦头，走过弯路，才真正明白其中的道理。所以，我们读书，对于古圣先贤乃至于当代圣贤的言语，如果只是口诵心思，而不在日常生活中加以实践的话，并不能真正得到读书的好处。只有将书上的良言，付诸日常的应对进退、待人处世中，才是真正的"读书"。所以，"尽信书不如无书"，不能活用书中的知识，成为日常生活的智慧，就会变成不知变通、迂腐守旧的人了。

第003则
——勤能补拙，俭以度贫

【原文】

贫无可奈惟①求俭，拙亦何妨（fáng）②只要勤。

【注释】

①惟：只有。

②妨（fáng）：妨害，阻碍。

【译文】

贫穷得毫无办法或无法避免的时候，只要力求节俭，总还是可以渡过困境。天性愚笨没有什么关系，只要自己勤奋努力，同样可以补己不足而超越他人。

【解析】

“俭以济贫，勤以补拙”，这其中传达出来的“安贫乐道”思想，恰是契合了王永彬先生之文心雅韵：冬日围炉，至交论道，于平实与高洁的格调中，从红尘里超脱“贫”“拙”，升华出对人生的洞然之悟，深得儒家经典于娓娓间见真谛的精髓。

不怨不忿，淡薄之心、俭朴之态，于儒家的入世态度中融入道家的平和心，这是今人有所缺失的心态。俗话有云“勤能补拙是良训，一分辛苦一分才”，对于任何有修养的人来讲，必须恪守兢兢业业、荣辱坦然的人生规条，不惧贫，身处“贫境”能够坚守做人的节操。

“守拙”是一种大智慧，藏锋而精进，守拙而勤恳，在能量的积累中懂得“量变以致质变”的哲学。殊不知，多少“笨鸟先飞早入林”，多少“伤仲永”在重蹈覆辙，道阻且长，任何投机取巧、平步青云的念头，均无以“修远”，故需以“勤”开道，上下求索而不倦。

面对贫困，安贫没有出路，只有抗争，抗争的起点就是要力行节俭，再慢慢谋求宽裕之道；只要认真做事，总能勉强过活，而不致在贫穷的逼迫下失了正道。因此，求俭是与人类创造性劳动不可剥离的重要生存方式，也是劳动人民世代弘扬的传统美德。

人一生下来，有的人天资聪颖，举一反三；有的人却天资愚鲁，不能一下子把很多事情学好。天资愚鲁并不是绝对的，因为人的智商高低有先天的能力，也有后天的经验。有的人先天的条件很好，却不知后天的努力，再好的天赋一旦荒废，和愚鲁的人也无差别。有的人天资虽不好，即努力勤学，不断充实自己的经验，聪明的人做一遍，他做十遍，以后的成就却比聪明而不学的人大得多。这就说明了努力和勤奋的重要性。

第004则
——话说平常稳当，为人本分快活

【原文】

稳当[①]话，却是平常话，所以听稳当话者不多；

本分人，即是快活人，无奈做本分[②]人者甚少。

【注释】

①稳当：安稳而妥当。

②本分：安分守己。

【译文】

既安稳又妥当的话语，经常是平淡无奇之语，所以，喜欢听这种话的人并不多。一个人能做到安分守己，不做越分之事，便是最为通达快乐之人了，只可惜能够安守本分不妄求的人，实在极少。

【解析】

“话说平常却稳法，为人本分常快活。”这里面蕴含的是人生“返璞归真”的大智慧。

稳当的话，肯定是吻合了生活常识的话，是通过了实践与经验过之后的真理，但是，又与“老生常谈”之语有一定的区别，这种稳当话，扬弃之间悠游有度地打下了质朴与纯良的烙印。但遗憾的是，人性喜“突兀多奇”，又喜“媚言奉承”，往往对四平八稳之“善言”熟视无睹。

“稳当话”与“本分人”，两者其实是辩证而吻合的：言稳当话者，当为本分人，既为本分人，稳当话随身。在此要甄别一个误区，本分人，并非等同于老实人；同理，稳当话同胆小保守之话也是两个概念。相反，这昭示的

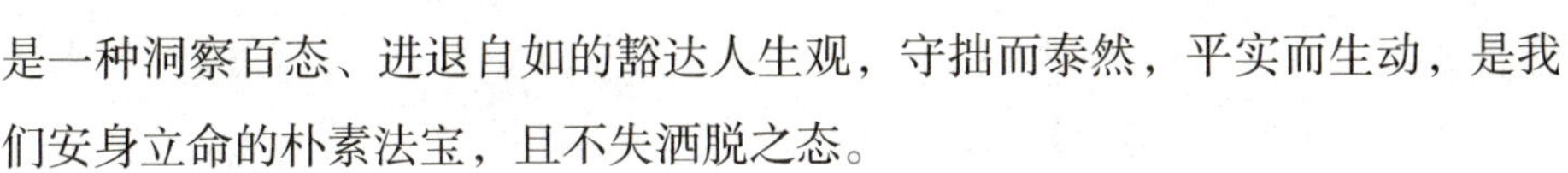

是一种洞察百态、进退自如的豁达人生观，守拙而泰然，平实而生动，是我们安身立命的朴素法宝，且不失洒脱之态。

另外，老子言：“信言不美，美言不信。”意指真实的话未经加工，所以不美妙动听。辞藻华美的言辞、文章，内容往往不真实。身处商业酿就的浮华，人们学会了掩埋真实，而将虚伪变成美丽动听的辞藻后才醒悟。久而久之，自己也迷恋上了别人的吹捧，走进了空中楼阁，最终跌落后才醒悟。忠言总是逆耳的，放开胸怀，听听什么叫真实。牢靠稳妥的话语，也许极其平常，却是许多前贤总结出来的经验，可惜有很多人认为那些话保守，弃之不用，甚至视之为笑谈，当遇到困难甚至是造成难以挽回的损失时，才后悔当初没有听取稳妥的建议。

讲话并不是表演，因为讲话最重要的是平实与可靠。但是平实与可靠的话就像土地一般，不会引人注目，不过，无论走到哪里都要踩着它，否则就会跌倒。吸引人的话，往往新奇、夸张，所以让人惊奇、赞叹，但是未必可靠。就像空中楼阁，看来迷人却无法上去；或像沙堡，看来实在，一脚踩下却陷入坑中。可是一般人都喜欢听虚妄的话，而不喜欢听平实的话，因为平实的话往往缺乏刺激味。

安分守己，不做非分之想，是人生远离烦恼的一种有效的方法。现在的社会充斥着各种各样的诱惑，人们往往会脱离实际情况，不顾自己的能力和条件，追求一些根本无法实现的东西，而后往往因为这些理想不能实现而陷入苦恼之中。如果能安守自己的本分，一步一步提升生活的品质和生命的境界，那才是既稳妥又快活的。因为，没有妄想来扰乱生活，便不会做出任何逾越法纪的事，让本人及自己的亲人受苦。可惜很多人并不会如此想。

第005则
——处事常为别人想，读书须得自用功

【原文】

处事要代人作想①，读书须切己②用功。

【注释】

①代人作想：替他人设身处地着想；或想想别人的处境。

②切己：自己切实地。

【译文】

处理事情的时候，要站在他人的立场，替别人着想；读书的时候，必须自己切实地用功。

【解析】

看了这段文字，大家会不会有啼笑皆非的念头闪现，那就是，世间多是执这种“颠倒”之念的人——处事皆藏私心，而读书这一苦差事，恨不得有捷径可寻。如果能把知识直接拷贝到大脑，趋之若鹜之人绝不在少数！

愚昧“利己主义”，最终是给自己画地为牢。事事贪图私利，试问谁人将会与之合作呢？只怕是落得个孤家寡人的“被孤立”之境况，最后事事举步维艰，这绝非危言耸听。

每个人都容易成为一个利己的人，而不容易成为利他的人。但是处世久了，当可以了解，并不是每一件事都需要斤斤计较。有时处处为己，不见得能快乐，也不见得能占到多少便宜，反而招人怨恨。所以做人要宽厚，能帮助他人的时候，不要吝于伸出援手，至少也要无愧于心。这就是所谓的“换位思考”，要设身处地为他人着想，即想人所想，理解至上。为人处世如果

用自认为好的方法来对待别人，是自作多情；用希望别人对你的方法来对待别人，是将心比心；用别人期望的方式来对待别人，是善解人意；为对方着想，这是最朴素也是最高超的技巧。你读或不读，书就在那里，“知识”是一个有“个性”的本体，要植入一个人的大脑，那就得事必躬亲地“耕耘”，才能“春播芸豆收入簸”，这其中，有着“量”与“质”的积累与飞跃，有着岁月交叠之际从书中、从实践中撷取精粹的泰然……

读书是自己的事，读得好，学问是自己的；读得不好，别人也无法帮你读。但是，“学问为济世之本”，学问不扎实，任凭理想多高，也无法实现，即使有再好的机会，也没有能力把握住。父母、亲戚、朋友，虽然能在各方面扶助自己，但是唯有读书，是他们帮不上忙的。因此，一定要切实地要求自己读好书，才能谈自我实现与服务社会。

“己所不欲，勿施于人”“读书立人，须己用功”，饶舌之语不为多，待世人细思量。

第006则
——信是立身之本，恕为接物之要

【原文】

一信[①]字是立身[②]之本，所以人不可无也；

一恕（shù）[③]字是接物[④]之要，所以终身可行也。

【注释】

①信：信用、信誉。

②立身：树立自身。

③恕（shù）：推己及人之心。

④接物：与别人交际。

【译文】

一个“信”字，是人立身处世的根基，倘若一个人失去了信用，那么他作为人的“根本”，就已经消失殆尽。一个“恕”字，是人与人交往时最重要的德行，所以，恪守“恕”道，悦己且利人，值得终生奉行。

【解析】

“信”字分解来看，便是“人”“言”二字，这一造字方法饶有趣味！既然是“人言”，且“人言则无不信”，这就说明“信”是讲人话、行人道。这在当下的社会环境中，确有其警示意义，那就是做人必须“言之凿凿，言而有信”。《说文》上对“信”的解释是“人言”，“人言则无不信者，故从人言”。由此可知，“信”就是人所讲的话，不是人讲的话才会无“信”。一个人如果无“信”，别人也就不把你当人看待，那么你又有什么颜面和别人交往呢？我们都说，没有信用的人就是没有人格的人，没有人敢和他交往，因为怕自己的付出会换来谎话。没有信用的公司，更是没有人敢和它做生意，免得受骗。一个人要在社会上立足，“信”是多么重要，所以说它是立身处世的根本。

守信，不仅彰显了一个社会人的人格魅力，并且在特定环境下，能使局面化险为夷。两千多年前以“守信”著称的季布，就是因为嘉行懿德而免遭杀戮之祸。所以有：“得黄金百两，不如得季布一诺”的话。

原文以“信”起兴，进一步推及“恕”道。“恕”是推己及人的意思。人在社会上做事，不能只为自己的立场着想，总要把自己和别人的境况互调想过，才能客观地处理事情，既不会伤害别人，也不会判断不公。当推诿求全之风盛行之际，以“恕己之心来恕人”则变得分外有价值。推行恕道，人与人相处间充盈体谅心，瞬间就会使事情的处理方式变得温润柔和起来。许多事都是要许多人合作才能成功，而“恕”便是许多人在一起不会产生纠纷和摩擦的润滑剂，所以说它是与人交际最重要的修养，值得终生奉行。

第007则
——说话不妥惹杀身，积财不当能丧命

【原文】

人皆欲会说话，苏秦①乃因会说而杀身；

人皆欲多积财，石崇②乃因积财而丧命。

【注释】

①苏秦：战国时东周洛阳人，有名的纵横家。口才极佳、善辞令，游说六国合纵以抗秦，使秦国不敢窥函谷关有十五年。后至齐，与齐大夫争宠，被齐大夫所杀。

②石崇：晋人，富可敌国，因生活豪奢遭忌而被杀。

【译文】

人人都希望自己有极佳的口才，但是，战国的苏秦就是因为太擅长辞令，才会被齐大夫派人暗杀。人人都希望自己能积存财富，然而，晋代的石崇就是因为财富太多，遭人嫉恨，才惹来杀身之祸。

【解析】

春秋左丘明《左传·桓公十年》：“匹夫无罪，怀璧其罪”，意思是财宝、才华、美貌本身都没有罪过，当一个人拿去炫耀或者贪图财宝、才华、美貌的时候，常常会招来祸患。凡事皆有两面，如“水能载舟，亦能覆舟”一样，口才好，资财多本来都是好事，但却也能招来杀身之祸。天下人都以为钱财越多越好，殊不知“人为财死，鸟为食亡”，因争“钱”夺利而失去性命的事，随处可闻。晋代巨富石崇之死可见一斑。所以，财多不见得好，财少或许人生反而能过得愉快些。

明代吕坤《呻吟语·性命篇》说：“德性以收敛沉着为第一，收敛沉着中又以精明平易为第一。”意思是，人的德行以自我收敛而又沉着冷静为第一，在收敛而沉着冷静中，又首推精明能干、平易近人为关键。如果苏秦内敛一点，不让自己功高盖主，他也不至于被暗杀；如果石崇散财于民，争取民心，就不会死于“八王之乱”。一个人的优点，必须表现得当，才不会转变为致命点。如能讲究处世策略，“出头鸟”是不会被子弹打中的。

第008则
——严可平躁，敬以化邪心

【原文】

教小儿宜严①，严气足以平燥气②；

待小人宜敬③，敬心可以化邪心④。

【注释】

①严：严肃、严格的态度。

②燥气：暴躁、浮躁的心态。

③敬：尊重而谨慎的心。

④邪心：不正当的心思。

【译文】

教导小孩子，要采用严格的态度，因为严明的方式能平息他们浮躁不安之气息；对待心思不正的小人，最好以尊重而谨慎的态度对待，因为敬慎的心可以化解邪僻的心。

【解析】

“蒙昧小儿”与“邪僻小人”，一个处于先天混沌的状态，一个处于后天“大染缸染色谬误”的状态，放在一起评述，作者可谓煞费苦心。

如果说儿童是一汪轻盈的水，那么环境就是塑造儿童取向的容器。不管是“人之初，性本善”也好，抑或是“性恶论”也好，有一点毋庸置疑，那就是人都有一种惰性和惯性，忌放任，也忌无度。父母教育儿童，“严明”是不二之法宝，只有如此，方能使人性的暴戾之气消除于萌芽状态，且无“暗滋”之机。

父母教育孩子时要言行一致，所谓“无规矩不成方圆”。有了一定的规矩，孩子的行为才会有章可循，父母对孩子要严格要求，忍一时的不快，却能成就一个孩子的未来。对孩子不合理行为，一定要及时制止，更不能把宽容演变成纵容。毕竟小孩子的心性总是顽皮的，严肃的态度可以消减他浮动的心。他才会安静地学习。

如何对待小人，可谓是一门“社交学”，小人业已恶性染身，一旦与之交锋不慎，更会激起他们的邪恶之心，以暴处世，泯灭最后一丝人性。然而，如果我们对待小人以“敬重”之心，那么就会激扬起他潜意识深处的“善”。人这种群居动物一旦获得了他人的认可，那么，内在的“善”就会在某种程度上启动某种特殊机制，来打压自身的“恶”。对待小人以“敬”，不仅可以明哲保身，更是教化之始。

唐代“安史之乱”平定后，功高权重的郭子仪并不居功自傲，为防小人嫉妒，他非常小心谨慎。有一次郭子仪生病，有个叫卢杞的官员前来探望。郭子仪听到门人的报告，立即让家人避到一旁不许露面，他独自在客厅待客。卢杞走后，姬妾们问郭子仪：“许多官员来探望您的病，你从来不让我们躲避，为什么此人前来就让我们都躲起来呢？”郭子仪微笑着说：“你们有所不知，这个人相貌极为丑陋而内心又十分阴险。你们看到他万一忍不住失声发笑，那么他一定会心存忌恨。如果此人将来掌权，我们的家族就要遭殃了。”后来，卢杞当了宰相，极尽报复之能事，把所有以前得罪过他的人统统除掉，唯独对郭子仪还比较尊重。所以，不得罪小人，能够使自己避免许多不必要的纠纷和麻烦。

第009则
——谋生不为富家，处事不求利己

【原文】

善谋生者，但令长幼内外，勤修恒业①，而不必富其家；

善处事者，但就是非可否，审定章程②，而不必利于己。

【注释】

①恒业：经常而持久的事业。

②章程：办理事务的章法和程序。《史记》之《太史公自序》有云："于是汉兴，萧何次律令，韩信申军法，张苍为章程，叔孙通定礼仪。"

【译文】

擅长维持生计的人，并不是有何高招，只是不论长幼，不分内外，让家里每个人都能勤勉恒久地做好自己擅长的事业，而不把家道大富当成首要目标；擅长处事之人，不一定是奇才，只是就事情对错，在可行与不可行处加以判断，订立一个恪守的规则和程序，而且，并不一定要对自己有利益才去做。

【解析】

人人皆为"稻粱谋"，那么，要想"宜家室"而基业不衰，这就预示着不能"舍本而逐末"。所谓"本"，就是治家之最本位思想，那就是长幼、内外的大局观，在该大局观的统摄之下，各就各位，各行其所，找到适合自身资质秉性的事业，并持之以恒地践行并精进；所谓"末"，就是一味盯着"财富"的积攒，而把正确的途径抛之脑后的思想。

《增广贤文》中说："父子和而家不败，兄弟和而家不分，乡党和而争讼息，夫妇和而家道兴。”和睦是稳定家庭，并使之发达兴盛的根本。而家庭不和则会“后院起火”，纵有万贯家资也会被焚燃一尽。在纷繁世事要做到游刃有余地处事，忌讳的就是“利己主义”，只有遵照一定的章术法式，方能得人心，明是非。有一句俗语叫作“身不正，令不行”，这蕴含着一种朴素的辩证哲学思想，因为处事，处的就是做人的一种境界与视野，为“小利己”而舍弃“大利己”，实在是愚昧之举。君莫笑，时下之人，掩耳盗铃般“舍本逐末求富”“狭义利己、实则损己”的行径，不在少数。所谓“善处事者”，即擅长办理事务的人，并不一定要有奇特的才能，也只需在可行与不可行处加以正确判断选择，订立一个办理的规则和程序，有条不紊、善始善终，不以一己之私为目标。不善处事的人，往往是主次不分、头绪不清、章法不明，不会“秉纲”“执本”的人。如何破解“齐家先守业，执事秉章程”，是为大善。

第010则
——不贪名利，注重德行

【原文】

名利之不宜得者竟得之，福终为祸；

困穷之最难耐者能耐之，苦定回甘。

生资①之高在忠信②，非关机巧③；

学业之美在德行④，不仅文章。

【注释】

①生资：指人的资质。

②忠信：忠实诚信。

③机巧：机变巧妙。

④德行：道德品行。

【译文】

得到不该得的名声和利益，当初看似是福气，但终究会成为祸端；最难以忍耐的贫穷和困厄，如果能够隐忍坚持，那么最后一定会苦尽甘来。人的资质高低，在于对任何事是否尽心而有信用，而不在于善用机变与心思讨巧；读书的精妙之美，不仅在于文章写得好，更在于一个人高尚的道德情操。

【解析】

作为王永彬先生“心有所得，辄述诸口，命儿辈缮写存之”的箴言，尽管他自谦为“皆随得随录，语无伦次且意浅辞芜，多非信心之论，特以课家人消永夜耳，不足为外人道也”，却是真真正正道出了“寻常百姓家”守拙顺天命的智慧。

汉代史学家司马迁《史记》：“天下熙熙，皆为利来；天下攘攘，皆为利往。”名利是对个人成就的肯定，追求名利，本无可厚非。然而“裙带”“后台”却给了不少本不属于他的名利，这实际上已是对名利的侮辱。更有其他种种讹取名利的伎俩，为百姓所憎恨。这样，名利就成为心魔了。被心魔占据的人终会毁灭自己。“君子爱财，取之有道”，人只能得到自己应得的那一份，贪求不义之财，获取非已之名，表面上是暂时得到福分，但终会财去名空。

佛家言：“取他一分，还他一两，因果不爽，可不畏乎？”所以，因果祸福自在轮回，取而不予，德不配位，终归是竹篮打水一场空。同理，苦尽甘来，能耐数载青灯黄卷、晨钟暮鼓，才能“苦定回甘”，这与“吃得苦中苦，方为人上人”异曲同工。

人的资质与禀赋，实有高下，万物之纷繁使然。投机取巧之徒，或许会在短暂的时段内如鱼得水般得势，但是放之时间的长河，却一定会被人识破，丑态百出。那么，文章千古事，得失寸心知，依然是“德行”统率，文美随行。学业的精深，是为了用之于社会，造福于人民，如果用自己所学的知识来做危害社会的事，那么文章做得再妙，也是一个无德之人。

读者不妨参悟此语：“众相争者得之未必是福，量力而行；善修恒业勤谨行事，稳中求进；坚守真诚是智者，忠信高远；知行合一，功在画外，志在文里。个人体悟，倘蒙有道君子惠而正之，亦幸甚。”

第011则
——君子力挽江河，名士光争日月

【原文】

风俗日趋于奢（shē）淫①，靡（mí）所底止②，安③得有敦古朴④之君子⑤，力挽江河⑥；

人心日丧其廉耻，渐至消亡，安得有讲名节⑦之大人⑧，光争日月。

【注释】

①奢（shē）淫：奢侈放纵。

②靡（mí）所底止：没有止境。

③安：如何。

④敦古朴：敦厚，笃厚。

⑤君子：有才德的人。

⑥力挽江河：大力改变现有的不良现象，使之恢复正常社会状态。

⑦名节：名誉和气节。

⑧大人：德行高尚的人，君子。《易·乾》云：“夫大人者，与天地合其德。”

【译文】

社会风气日渐奢侈放纵，这种现象越来越变本加厉，未得消弭，真希望涌现不同于流俗而又质朴的才德之士，大力呼吁，改善现有的奢靡风气，使社会返归清明质朴；世人已逐渐失去清廉知耻的心，再这样下去，总有一天会完全寡廉鲜耻，如若出现重视名誉和气节的有德之士来宣扬君子之风，那么他的功德可与日月争辉。

【解析】

现代社会，众人虽受教育，却未必能抗拒一些潮流和诱惑：纸醉金迷，声色犬马，灯红酒绿，歌舞升平，这些总有人陷于奢靡之风中，无法自拔。当这群人身居要职时，情况更危险。他们利用强势去剥夺弱势群体的利益以满足一己之欲。不管是呼吁“古朴君子”也好，还是渴求“名节大人”也罢，都透射出一个信息，那就是：世风日下之际，如何力挽狂澜！“古朴君子力挽江河，名节之士光争日月”，这是文人士大夫的清明理想，也是寻常百姓家的朴素愿望。在漫长的封建社会里，上至帝王将相，下至黎民百姓，因奢靡而穷途末路、遗臭万年的反面教材不胜枚举，这些都为作者之所以如此呼吁埋下了情感的伏笔！

直至当下，信仰的缺失，奢侈之风的流觞，依然如同一股戾气弥漫在世间。“回归本位，内省道德”，依然是普世众人的必修功课。忧国忧民，还一片清朗的世风，理应不是少数人的分内事，而应该是众生的“价值追求”。

第012则
——心正则神明，耐苦则安乐

【原文】

人心统耳目官骸（hái）①，而於百体为君，必随处见神明之宰；

人面合眉眼鼻口，以成一字曰苦，知终身无安逸之时。

（两眉为草眼横鼻直而下承口乃苦字也）

【注释】

①骸（hái）：全身。

【译文】

人心统治着人的五官及全身，可以说是身体的主宰，几乎随处都可以看到神明在人身上打上的烙印；人的脸是合眉、眼、鼻、口而成形（将两眉当作部首的草头，把两眼看成一横，鼻子为一竖，下面承接着口，恰巧是一个“苦”字），由此可知，人的一生是苦多于乐，没有安闲逸乐的时候。

【解析】

“相由心生循有道，爱美先琢美玉心。”这是表象呈现的第一层意思，你若希望风度翩翩、相貌堂堂，那么，你的心是否纯良端方，就会一览无余地外显出来。所以，爱美先修心，否则再多的外饰也是徒劳。

其次，为人处世，“人心正，事方顺”。古人讲“存天理，去人欲”，专在一个“心”字上下功夫。若以全身器官比喻为百官，心便是君王。君王昏昧，朝政必然混乱，天下就会大乱。君王若清明，朝政必然合度，天下就会太平。所以要时时保持“心”的清楚明白，行为才不会出差错。王永彬先生是一个豁达而知天命的人，他的“心正则神明见”正是表明一种达观的人生

洞见，围炉之语中，向人们传递的是“心正则事明，心偏则事乖”的生活智慧，这是内里传达出的第二层处世层面的意思。

与“心正神明见”呼应的，正是接下来的“耐苦安乐多”，在这里，王先生是幽默的，他把人的脸孔直接转变成了一幅写意画，一个“苦”字，囊括的人生况味，千人千词，各执怀想。人生追求安乐，推动了社会的发展，但是安乐不是从天而降，甘甜要从苦中来。能够忍受得了苦中苦，才能享受到甜中甜，否则一味追求安乐则会使人丧失进取精神。人生本是跌宕路，风光无限且旖旎多变，乐观者见“多奇”与“开拓”，悲观者见“晦暗”与“无望”，所以说，这是一场自我心态的博弈，与前文“人心要正”呼应交辉，互为映照。

第013则
——人世沧桑，在人在天

【原文】

伍子胥报父兄之仇，而郢（yǐng）都灭，申包胥救君上之难，而楚国存，可知人心足恃（shì）①也；

秦始皇灭东周之岁，而刘邦生，梁武帝灭南齐之年，而侯景降，可知天道好还也。

【注释】

①恃（shì）：决心去做，一定能办得到。

【译文】

春秋时的伍子胥，为了报父兄之仇，终于破了楚国的首都郢；而当时的申包胥则发誓保全楚国，终于获得秦军救援，使楚国不致灭亡，由此可见，人只要决心去做，一定能办得到。秦始皇灭东周那一年，灭秦立汉的

刘邦也出生了；梁武帝灭南齐那一年，侯景前来归降，可见天理循环，报应不爽。

【解析】

这段话是历史典故的迭现，每一个人物和历史事件，展开时都是一幅壮丽画卷，让人沉思之际，或默然，或莞尔，不管是朝代更替还是人世苍茫，总归给人以凝重的历史感和宿命感。

伍子胥父兄为楚平王所杀，伍子胥于是发誓灭楚。楚国大夫申包胥，与伍子胥是好友，回答伍子胥说："我一定要保全楚国。"后伍子胥带吴兵伐楚，破楚都城，掘墓鞭尸复仇。申包胥到秦国哭求秦国出兵，楚国得以保全。这说明，人只要有决心，就一定能够实现自己的愿望，因此事在人为，关键在于有没有高远的志向。

其次，处事要有度。秦始皇灭东周国那一年，灭秦立汉的刘邦也应运而生了；梁武帝灭掉南齐的那一年，侯景便前来归降。但正是侯景后来又反叛了梁朝，归降者却成为叛逆，成为祸根。可见，天理循环，报应不迭。

这幅"人世沧桑，在人在天"的画卷，传递的恰是一种"谋事在人，成事在天"的因果观：人创造着世界，但是，个人的自由要统摄于自然发展的规律之下，我们或披荆斩棘，或披星戴月，为着自己的理想和信念坚持，但依然是要遵循天理之道，方才不悖。

当下的年轻人，正成长为社会的脊梁，于是乎，我们似乎可以用传统文化的"儒道观"来给自己的人生之路定调：儒家勇于进取的"入世观"与道家平和洒脱的"出世观"结合起来，积极开拓且悠然有度，于此，方"无为而无不为"。

第014则
——有才如浑金璞玉，为学似流水行云

【原文】

有才必韬（tāo）藏[①]，如浑金璞（pǔ）玉[②]，暗然而日章[③]也。

为学无间断，如流水行云，日进而不已[④]也。

【注释】

①韬（tāo）藏：深藏。

②浑金璞（pǔ）玉：未经提炼的金，未经雕琢的玉，比喻人品天然质朴。《晋书·王戎传》云："尝目山涛如璞玉浑金，人皆钦其宝，莫知名其器也。"

③章：同"彰"。

④已：停止。

【译文】

有才能的人必定勤于修养，不露锋芒，就如未经提炼琢磨的金玉一般，虽不炫人耳目，但日久便知其内涵和价值了；做学问一定不可间断，要像不息的流水和飘浮的行云，永远不停息地前行。

【解析】

有一句俗语："一瓶子不满，半瓶子晃荡。"是的，"修才能"与"做学问"都有一个异曲同工之处，那就是谦逊与坚持。从古到今，这样的正反典故俯拾即是：隐居渭水之滨悠然垂钓的姜子牙，乱世躬耕于南阳的诸葛亮，都是"韬藏"才能的高人，日久终被人赏识而立下丰功。联想那些好大喜功、滥竽充数之徒，只是徒留笑柄在人世而已。真正有才能的人，绝不会自我炫耀，也不会故意卖弄。凡是善于自夸的人，多是一些浅薄之徒，未必有真才实学，所谓“整瓶水不响，半瓶水有声”，就是这个道理。有才能的人，根本没有时间自我夸耀，因为他的时间都用来充实自己。无才的人经不起考验，有才的人却是“路遥知马力”，日久愈见其才。

“一曝十寒”同样是“为学”不该遵循之道，“江郎才尽”“伤仲永”这些鲜活的历史人物，都是“折”在了哗众取宠上，未能坚持而最终了于庸碌。只有厚积而薄发，只有逆风而扬帆，方能让学海之舟徐徐稳进。学海无涯苦作舟，只有不间断地耕耘才会有收获，想一口吃个大胖子是不可能的。《荀子·劝学篇》云：“积土成山，风雨兴焉；积水成渊，蛟龙生焉；积善成德，而神明自得，圣心备焉。故不积跬步，无以至千里；不积小流，无以成江河。”所以只要具有锲而不舍的精神，学问自会日益长进。

治学与为人，其实都要依靠一个人的修为，需“境”，需“静”，需“径”，且戒浮躁戒急功近利，为人如此，为学亦如是。

第015则
——积善祛殃，积财遗祸

【原文】

积善之家，必有馀（yú）庆①；积不善之家，必有馀殃②；可知积善以遗子孙，其谋甚远也。

贤而多财，则损其志；愚而多财，则益③其过；可知积财以遗子孙，其害无穷也。

【注释】

①馀（yú）庆：遗及子孙的德泽。

②馀殃：遗及子孙的祸害。

③益：增加。

【译文】

凡是做很多好事的人家，必然遗留给子孙许多的德泽；而多行不善的人家，遗留给子孙的只是祸害。由此可知，多做好事为子孙留些后福，这才是为子孙着长远之想；贤能又有许多金钱，使人不求上进耽于享乐而丧志；愚笨却有许多金钱，只能让人增加更多的过失。由此可知，将金钱留给子孙，均会带来无穷的祸端。

【解析】

“积善”，在这里放到了“齐家育人”最本位的位置，有一种铅华洗尽现真纯之感，无愧于家庭教育中该恪守的“最高法则”。为人父母，这是上天赋予的神圣使命，追论古今中外各种家规家训，归结到最核心的一个字，料想没有哪一个会比尚“善”更能接近本源。

佛家偈语里的“因果报”“善恶循”，应和了百姓大众心理的期待，也符合事物发展的客观规律。教育孩子，树立家风，为子孙积善，领子孙行善，这是一条行之有效的金科玉律，不管家长的社会地位、经济状况、学识视界如何，只要诚心向善，就掌握了“育后人，兴家道”的最根本规律。孟子《公孙丑下》：“得道多助，失道寡助。”多做善事的人家，必为许多人所感激，子孙即使遇到困难，人们也会乐意帮助，反之亦然。现在，有人创办了道德银行，用于人们存储自己的善事。如果将这笔“存款”留给后代，教导子孙行善，子孙必然正直，发达指日可待。这比遗留给子孙财富更有效。

佛家认为，慈悲的力量是无穷无尽的，比任何一件武器都有力。武器只能从外在制伏人，无法从根本上去掉人的邪恶，而慈悲却能感化人，让人得到心灵的震撼。如果每个人都能以慈悲为怀，那么这个世界将会更加美好。

第016则
——教子严成德，勿以财累己

【原文】

每见待子弟，严厉者，易至成德，姑息[①]者，多有败行，则父兄之教育所系也。

又见有子弟，聪颖者，忽入下流[②]，庸愚者，转为上达，则父兄之培植所关也。

人品之不高，总为一利字看不破；

学业之不进，总为一懒字丢不开。

德足以感人，而以有德当大权，其感尤速；

财足以累己，而以有财处乱世，其累尤深。

【注释】

①姑息：太过宽容。

②下流：品性低下。

【译文】

常见对待子孙要求十分严格的，子孙比较容易成为有才德的人，而对待子孙太过宽容的，子孙的德行大多败坏，这完全是因为父兄教育的关系；又见到有些后辈原本十分聪明，却突然做出品性低下的事，有些原本平庸愚鲁，倒成为品德很好的人，这同样在于父兄的栽培教化。一个人品格之所以不清高，总是因为无法将一个“利”字看破；而学问之所以不长进，就是因为偷懒不精勤的缘故。能以道德感化他人的人，若身在高位而有威权，那么要感化众人趋于正道就很快了；财富多，会拖累自己，若处于乱世之中，钱财的拖累更甚。

【解析】

“教子严成德，勿以财累己。本是寻常理，世人遭蒙蔽。”一个“蔽”字，可囊括这段话里面映射出来的各种含义：教育子女时，容易为姑息放纵所蔽；人品不高，溯源皆为利益所蔽；学习荒芜，归结到底懒散难辞其咎……然而，昏昏然知其理而难以逾“蔽”之人多见，致使“寻常理”无法落地生根，发扬光大。另外，此处两次现“父兄培植教育”之词，并且冠之以“严”教，这说明教育子女的时候，父亲理应“严”字当头。战国孟子《离娄上》曰：“不以规矩，无以成方圆。”孩子就像一棵稚嫩的树苗。他需要爱心的呵护，也少不了捆绑定型，即严格的教育。对孩子过分宽容，会导致善恶不分，命行孤劣。母亲则以“慈爱”润泽。母性之爱绵绵而柔和，给予孩子无限多的情感慰藉与怀柔；父性之爱则刚强严明，给孩子树立刚性之楷模。故刚柔相济、阴阳协和的家庭教育模式，也能给予现代科学育儿一定的参考。

“人到无求品自高”，心中放不下一个“利”字，等有利可图之时，难保不会受诱惑而失了人品。求学是很辛苦的，若不能勤奋，再聪明的人也难以成功，因为他不肯学。有德若能居于权威的位置，影响的范围大了，可以施行很多措施奖掖道德，自然就很容易感化人了。钱财在平时处理起来就很累人，既想得之，又要保之，若是在乱世，没有法律的保障，恐怕恶人都想谋夺了。不仅累人，还要招祸呢！孩子作为爱情的结晶，家庭的未来。

如果一个家庭因为孩子教育出现了问题，不仅能把家庭生活弄得鸡飞狗跳，更让一个家庭没有了希望。因此，一个家庭幸福与否，能否合理教育孩子是关键。

第017则 ——读书无论资性，立身不嫌家世

【原文】

读书无论资性[1]高低，但能勤学好问，凡事思一个所以然，自有义理贯通之日；

立身不嫌家世贫贱，但能忠厚老成，所行无一毫苟且处[2]，便为乡党仰望之人。

【注释】

①资性：资质秉性。

②苟且处：不守礼法道义、随便的行为。

【译文】

读书不论天赋资质的高低，只要能够勤学好问，任何事都把它想个透彻，终有一天能够通晓书中的道理，且无滞碍；在社会上立身处世，不怕自己出身于贫穷低微的家庭，只要为人忠实敦厚，做事稳重踏实，所行所为没有一丝随便或违背道义之处，便足以为家乡的父老所看重，且成为众人的楷模。

【解析】

有一句俗语叫作“笨鸟先飞早入林”，就是因为笨鸟知其驽钝而不懈，

先飞勤飞，克服艰难险阻，最终先一步到达目的地。读书亦同理，哪怕天资平庸，但贵在从实践中认知，从勤勉中汲取，只要举一反三、融会贯通，定能体验“衣带渐宽终不悔，那人却在灯火阑珊处”的顿悟之妙。反之，如果因天资出众而怠于进取，那么，“泯然于众人”的失落挫败感迟早会要光临斯人，落得个被人贻笑的下场。

子曰：“学而不思则罔，思而不学则殆。”（《论语·为政》）意思是说，如果一味空想而不去进行实实在在的学习和钻研，则终究是沙上建塔，一无所得。只有把学习和思考结合起来，才能学到切实有用的真知。西方的哲人康德也说：“感性无知性则盲，知性无感性则空。”可见，人类在知识的学习和获取上，不论地域、种族如何差异，其根本性原则往往是一致的。不论天赋的资质如何，若依照学习的理论来说，人的脑筋要不断地加以刺激运用，便会逐渐变得聪明起来。不断学习便是一种不断的刺激。此外，“做学问要在不疑处有疑”，遇到疑难处，更要不耻下问，否则，将成为全盘了解问题的障碍。

人首先要学会怎么学习，而学习的首要就是读书，正如吴兢在《贞观政要·崇儒学》中所说，虽然上天给予了人好的品性和气质，但必须博学才能有所成就，这就像一块玉石，要进行打磨才能展现它的完美；木材本性包含火的因素，要靠发火的工具才能燃烧；人的本性中包含着聪明和灵巧，要到学业完成时才能显出美的本质。

古往今来，凡是有所成就的人大多是读过书的人。即使是没读过书的草民，夺得了皇位，为了治理国家，他还是要去读书。所以，读书真的是很重要的。

“寒门难出贵子”，其实也是一个有待商榷的命题，公允地讲，“寒门成才”在特定的历史环境下，更为艰难，但反过来，经历过磨难砥砺过人生，这种历练下的成功更是值得称道的。一个人所谓成功，并非是坐拥高官厚禄与香车宝马，而是要成为道德高洁之人，恪守自己人生格调的同时能够泽霖世人，这才是成功人士的不二特质。所以，唯“出身论”定高下者，或因“出身”而妄自菲薄者，均该匡正自身的价值观。

第018则 ——乡愿尽盗德，鄙夫不知德

【原文】

孔子何以恶乡愿①，只为他似忠似廉，无非假面孔；

孔子何以弃鄙（bǐ）夫②，只因他患得患失③，尽是俗心肠。

【注释】

①乡愿：外貌忠厚相，内怀奸诈心的人。《论语·阳货》云："乡愿，德之诚也。"

②鄙（bǐ）夫：浅薄鄙陋的人。

③患得患失：《论语·阳货》有云："其未得之患得之，既得之患失之。"

【译文】

孔夫子为什么厌恶"乡愿"呢？因为"乡愿"只是表面上看来忠厚廉洁，但内心里并不如此，可见这种人虚伪矫饰，以假面孔示人。孔夫子为什么又厌弃"鄙夫"呢？因为"鄙夫"凡事只知为自己的利益患得患失，得失心切，是种没有精神内涵的俗人。

【解析】

孔子在《论语·阳货》说了一句"乡愿，德之贼也"，什么原因呢？因为"乡愿"就是我们今日所说的"伪君子"。"乡愿"之可厌，一在其虚伪不实，二在其可能带给无知的年轻人错误的印象，使得年轻人失了正道，所以说他是德之贼。这种人欺世盗名，岂不可恨？所谓"鄙夫"，乃是指不明礼义，不知生命价值重于个人利益的人，因此在任何场合，只顾自己的利益，甚至破坏了社会上对礼义的尊崇，使得众人也和他一般只求个人的得失。使

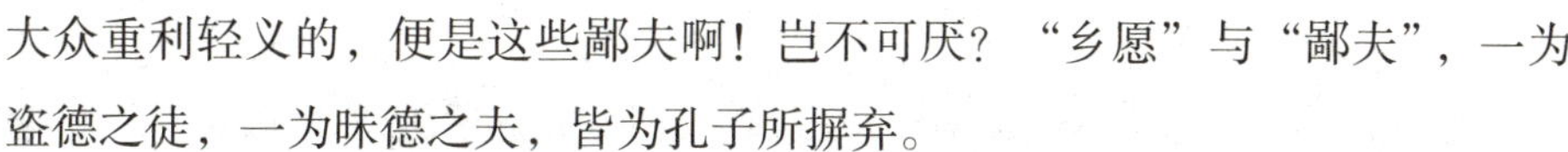

大众重利轻义的，便是这些鄙夫啊！岂不可厌？“乡愿”与“鄙夫”，一为盗德之徒，一为昧德之夫，皆为孔子所摒弃。

假货横行，可以通过“打假”行动，去伪存真。但是，虚假之人又当如何揭开其“假面纱”呢？原来，孔圣人早有心得，对这些外表忠良实则奸邪的“乡愿”以恶待之，且在著作里大声疾呼为“德之贼”。

为何冠以“德之贼”，因为这种笑里藏刀的伪君子更容易使人麻痹，待到阴谋暴露，后果不堪设想。比如历史上的王莽，装成礼贤下士的正人君子，却怀揣篡位称帝之心。这种卑鄙之徒，从来不曾在历史的长河中绝迹，所以拭亮眼睛，明辨忠奸，永远不为过。相比“乡愿”的险恶嘴脸，“鄙夫”就位于庸俗的一端了。这种人唯利是图，缺乏做人的底线，更与浩然正气泾渭分明。这是一群胸无大志、目光猥琐、难成大器的人，历朝历代，这种人永远处于被世人看轻的“小丑”位置。

第019则
——精明得意短，朴实福泽长

【原文】

打算①精明，自谓得计②，然败祖父之家声③者，必此人也；

朴实浑厚，初无甚奇，然培子孙之元气④者，必此人也。

【注释】

①打算：精打细算。

②自谓得计：自以为计谋得逞。

③家声：家世之名声。

④元气：人的精气神，指生命力之源。

【译文】

凡事都斤斤计较、毫不吃亏的人，自以为很成功，但是败坏祖宗良好名声的，必定是这种人；诚实俭朴而又敦厚待人的人，刚开始虽然不见他有什么奇特的表现，然而使子孙能够有一种纯厚之气而历久不衰的，就是这种人。

【解析】

与人争利害，多半要尔虞我诈一番，不免被人视为奸狡之徒，反而自掘坟墓。倒不如待人宽厚，能不计较的，就不要计较，如此才能得“人和”，对于事业，有无穷的帮助。此事如果证之有家业传与后代的经营者，更是明白；斤斤计较的人，子孙的胸襟多不宽广，于其死后争夺遗产，甚至闹出丑闻。能以敦厚教子孙，子孙多能同心协力将祖先的事业拓展得更辉煌。

清代曹雪芹《红楼梦》中的王熙凤被公认是大观园女性中最精明、最有心计、最会八面来风的人，可仔细看看，她也是最愚蠢、最悲惨的人。她想尽各种办法，使尽各种计谋，想使贾府振作起来。然而，换来的却是贾府上下的忌恨和积怨，最终落得个悲惨结局。可谓是“机关算尽太聪明，反误了卿卿性命”。若凡事精于为自己考虑，对金钱毫厘不让，锱铢必较，待人处世丝毫吃不得亏，这样貌似精明，实际上鸡肠寸肚，眼光短浅，难成大器。

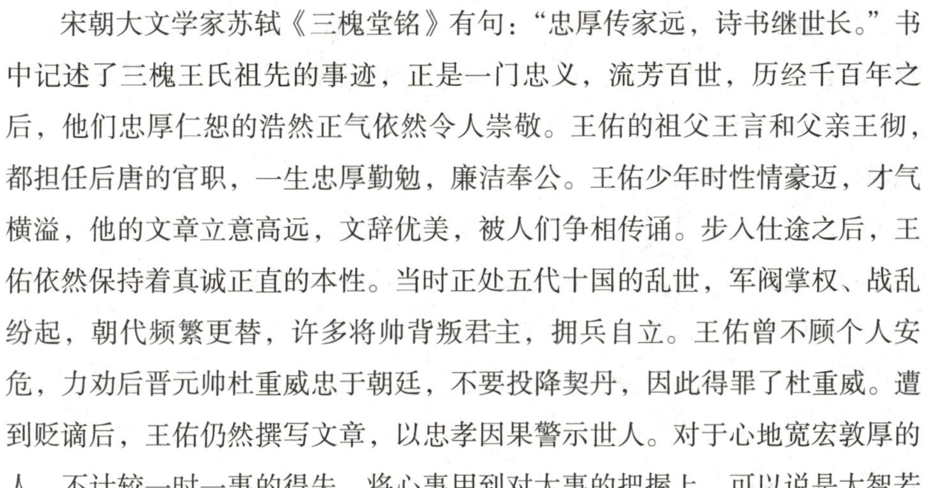

宋朝大文学家苏轼《三槐堂铭》有句：“忠厚传家远，诗书继世长。”书中记述了三槐王氏祖先的事迹，正是一门忠义，流芳百世，历经千百年之后，他们忠厚仁恕的浩然正气依然令人崇敬。王佑的祖父王言和父亲王彻，都担任后唐的官职，一生忠厚勤勉，廉洁奉公。王佑少年时性情豪迈，才气横溢，他的文章立意高远，文辞优美，被人们争相传诵。步入仕途之后，王佑依然保持着真诚正直的本性。当时正处五代十国的乱世，军阀掌权、战乱纷起，朝代频繁更替，许多将帅背叛君主，拥兵自立。王佑曾不顾个人安危，力劝后晋元帅杜重威忠于朝廷，不要投降契丹，因此得罪了杜重威。遭到贬谪后，王佑仍然撰写文章，以忠孝因果警示世人。对于心地宽宏敦厚的人，不计较一时一事的得失，将心事用到对大事的把握上，可以说是大智若愚、大巧若拙，这样反而能把握住机会走向成功。

第020则
——明辨是非方能决断，不忘廉耻身自高洁

【原文】

心能辨是非，处事方能决断；

人不忘廉耻，立身自不卑污①。

【注释】

①卑污：卑鄙污秽。

【译文】

心中能辨别清楚是非，在处理事情的时候，就能毫不犹豫地决断；人能不忘廉耻心，在社会上为人处世就不会做出任何卑鄙污秽之事。

【解析】

什么事情是对的？什么事情是错的？如何做才正确，何种做法该避免？

这些都是我们遇到事情时首先要考虑的，而这些，都决定于我们的心。人于世间行，事事需决断。如何英明决断，这里提供了一条途径，那就是“明辨是非”。

有道是：“诸葛一生唯谨慎，吕端大事不糊涂。”这句话是对诸葛亮和吕端两位忠臣、重臣的概括。有人小事聪明，大事糊涂，这样的人也只能过一份不太坏的小日子而已，但如果想治国治民，那就要大事不糊涂了。是非存在于对与错之间，也存在于善与恶之间。明辨是非的人，是果断行事的人。人有正确的判断力，就会有果敢的决断力。正确的判断力，来自对是非的正确把握。凡与事物的发展规律相一致，符合社会发展要求的就是真理，就应坚持，凡逆历史潮流而动的就是非，就应摒弃，有了大是大非标准，立身处世就不会迷失方向。

世间万事万物，纷纭复杂，或一叶障目不见泰山，或云蒸霞蔚如入迷宫，这就需要我们拿出三宗“法宝”：“戒欲”“守正”与“明辨”。不利欲熏心方能守正，悟守正气方能明辨是非，这是一组相互渗透与交错的决断法宝，并且，需要深入到具象的千变万化的现实生活中去打磨与历练。

寡廉鲜耻之人，显然缺乏明辨是非的能力，或者是明知是非却故意为己私利而倾轧，这种卑污之徒，显然只能归为道貌岸然的虚伪者，登不得大雅之堂。“立身”与“处世”，心要辨是非，人要守廉耻，都由心生发，统摄于心令所以，“修心”是一门大学问，“修好心”才是安身立命的大功夫。

第021则
——明辨愚和假，识破奸恶人

【原文】

忠有愚忠[①]，孝有愚孝[②]，可知忠孝二字，不是伶俐[③]人做得来；

仁有假仁，义有假义，可知仁义两行[④]，不无奸恶人藏其内。

【注释】

①愚忠：忠心到旁人看来是傻子的地步。

②愚孝：旁人看来十分愚昧的孝行。

③伶俐：灵活、聪明。

④两行：两种道路或途径。

【译文】

有一种忠心被人视为愚行，就是“愚忠”，也有一种孝行被人视为愚行，那是“愚孝”，由此可知，“忠孝”两个字，太过聪明的人是做不来的。同样，“仁”“义”之行中，也有虚伪的“假仁”和“假义”，由此可见，在“仁义”两途中，不见得没有奸险狡诈的人隐匿其中。

【解析】

“忠孝仁义四字吟，传统美德寓其中，今人需辨愚和假，慧眼识破奸恶人。”一首打油诗，诙谐道出了其中的蕴意。“忠孝仁义”中，“忠孝”是最基本的。忠是立国之本；孝是立家之本。所谓“忠”，就是热爱祖国，忠于职守。现在不需要“忠君”，但把忠君延伸为爱国，这是新时代的人最起码的要求。

所谓“仁”，就是以人为本，富有爱心。一切从关怀人、爱护人、发展人的目标出发，使国家民族达到和谐的最佳状态。所谓“义”，就是坚持正义，保持节操。在社会上要坚持正义，敢于同恶势力做斗争。当然，对待朋友要讲义气，不能出卖朋友，不能损害朋友，这是做人的基本要求，也是在社会上立足的基本素质。

仁义忠孝，本是一个人顶天立地做人的根基，报国尽忠，于亲尽孝，悟守仁义道行，于此方为磊落之士。只是，怕就怕在一个只得“毛皮”而行“愚忠”与“愚孝”，明知自己的行为违背了历史发展的规律，或者明知自己的孝行已经流于愚昧而一以贯之地维护某种偏激的做法，在这些冠冕堂皇的表象之下，“忠孝”俨然只是一个幌子，掩饰着丑陋与不堪，或者怯弱与迂腐。真正的忠孝，是顺天理尽人道，是踏实诚恳地践行，这种朴实无华的行为，又岂是那些“聪明伶俐人”所能企及的呢？有道是，不怕真恶行，就怕伪道义，这些人心存卑鄙之念，但是往往深谙“画皮”之道，披着一张甚是清正高尚的皮，行伤天害理之事，正因为他们的卑劣行为隐匿在“满口的仁义道德”之坏，所以更具有迷惑性，是为大害也！

第022则
——权势之徒如烟如云，奸邪之辈谨神谨鬼

【原文】

权势之徒，虽至亲亦作威福[①]我，岂知烟云过眼[②]，已立见其消亡；

奸邪之辈，即平地亦起风波[③]，岂知神鬼有灵，不肯听其颠倒[④]。

【注释】

①作威福：作威作福，指妄自尊大、滥用权势。语出《尚书·洪范》“帷辟作福，帷辟作威，帷辟玉食，巨无有作福作威玉食”。

②烟云过眼：比喻极快消失的事物。

③平地亦起风波：此处作“无端生事”解。

④颠倒：对事物错置，颠倒是非。

【译文】

有权有势的人，虽然在至亲好友的面前，也要卖弄他的权势作威作福，哪里知道权势就如同一过眼云烟一样立刻就能烟消云散；奸险邪恶之徒，即使在太平无事的日子里，也会为非作歹，哪里晓得天地间终是有鬼神在暗中默察的，哪里会容他们颠倒黑白。

【解析】

朴实的“善恶观”“为人道”从古至今都是一脉相承的。得到一丁点儿权势就开始如跳梁小丑一般作威作福之人，终将为人耻笑与唾弃。这些人往往多为奸邪之辈，无事生非，彰显自己的“存在”，这就如同当下一些无所事

事、拿起鸡毛当令箭的哗众取宠者一般，各种卖弄，秀出自己的“存在感”与“被认同感”。其实，揭开这些人的面纱，无非是“无知”“浅薄”“虚妄”几个字埋在他们的骨子深处作祟。以现代心理学来分析，他们的潜意识里是虚空迷糊的，需要在现实中左右折腾地寻求填补，只是，他们的这种“填补”来得有些折损，丧失了做人的底线，且贻笑大方。元代许名奎曰：“纵帆不收，载胥及溺”，顺风行船，眨眼之间可以行驶千里。但如果不经常警戒自己，一味放纵，定会有翻船淹没的灾难，手中的权势有如烟消云散。小人得势，六亲不认；奸邪之辈，恶贯满盈。不过，善有善报，恶有恶报。得势者如过眼烟云，奸邪辈为天地不容。君子得势，以道义自持；小人得势，以盛气凌人。所以，苏轼在《应制举上两制书》中说：“治事不若治人，治人不若治法，治法不若治时。”不良的社会时尚，是滋生邪恶的土壤，是纵容不法之徒作祟为患的氛围。

第023则
——不为富贵而动，时以忠孝为行

【原文】

自家富贵，不着意里①，人家富贵，不着眼里②，此是何等胸襟；古人忠孝，不离心头，今人忠孝，不离口头，此是何等志量。

【注释】

①不着意里：不放在心上。

②不着眼里：不眼红，不忌妒。

【译文】

自身富贵显达，不放心上，不刻意显示自己高人一等；别人富贵荣耀，不眼红，不生嫉妒心。这要何等的胸怀和气度才能做得到！古人常将“忠

孝”二字放在心上，不敢忘记要去实践它；现在的人，虽不如古人那么敬谨，却也对他人忠孝的行为能毫不吝惜地加以称道，时常去提倡它，这又要何等的抱负和度量才能实行！

【解析】

“旧时王谢堂前燕，飞入寻常百姓家”，显赫与寻常，其实需要一颗淡泊心视之。真正的富贵是贤明豁达，是扶危济困，是造福后人，而非一朝显达便骄奢淫逸、恃财傲人。可笑的是，今人多的是“人家富贵，红眼病发作”，这是无能媚骨之辈的心态，如若拿个放大镜来窥视，这些人的内心里，必定浸淫着“人格构建的缺失”“自我效能感不足”等心理疾患，以对他人的艳羡来映照自我的无力无为，等同于通过“意淫”来消除这种缺失感。殊不知，这种邪恶嫉妒心于事无补，顶多是“皇帝穿新装”骗骗自己罢了。

据《三国志·吴志·陆绩传》记载，陆绩六岁时，在九江见到袁术。袁术拿出橘子招待他，陆绩揣了三个在怀里，临走一时，因跪拜告辞而橘子掉了下来，袁术问他：“作客还要藏橘于怀？”陆绩跪着回答：“打算带回去给母亲吃。”陆绩回答袁术的话，表现了孝道，因此备受赞誉。他被归

入“二十四孝”。古代的人，时时将“忠孝”二字放在心上，反求诸己，不敢稍时或忘。现在的人，虽不像古人随时想着“忠孝”二字，但是“行虽不及，心向往之”。看到有人做到的，就连忙赞不绝口，至少，这也有移风易俗之效。能不离口头，多半也是个有心人了。这两个人，前者实践的心志可嘉，后者容人的度量同样值得我们效法推崇。

第024则——物命可惜不杀生，人心可回不责过

【原文】

王者①不令人放生，而无故却不杀生，则物命②可惜也；

圣人不责人无过，唯多方诱之改过，庶（shù）③人心可回也。

【注释】

①王者：君王。

②物命：万物的生命。

③庶（shù）：庶几，差不多。

【译文】

为人君王，虽不至于下令叫人放生，但也不会无缘无故地滥杀生灵，因为世间万物值得爱惜；圣人不会要求人一定不犯错，只是用各种方法，引导众人改正错误的行为，因为这样才能使众人的心由恶转善，由失道转为正道。

【解析】

“感化”具备一种神奇的力量，它是一种润物细无声的教化方式，目标论与方法论在此达到了高度的统一。君王以仁德来感化万民，圣人以宽厚来教化众生，这是一种理想社会状态的图景。春秋时，晋灵公无道，滥杀无

辜，臣下士季对他进谏。灵公当即表示：“我知过了，一定要改。”士季很高兴地对他说：“人谁无过？过而能改，善莫大焉。”意思是说，谁能不犯错误呢？犯了错误而能改正，没有比这更好的事情了。遗憾的是，晋灵公言而无信，残暴依旧，最终被臣下刺杀。历史上确有改过而终成大业的君主。楚庄王初登基时，日夜在宫中饮酒取乐，不理朝政。后来臣下用“三年不鸣，一鸣惊人”的故事启发他，并以死劝谏，终于使他决心改正错误，认真处理朝政，立志图强。楚国终于强大起来，位列“春秋五霸”之一。

圣人之心，在于怀揣一颗“有过而改，不失正道”之心。其中，“宽”如草蛇般隐匿其中，因“宽”而博爱，因“宽”而恕人，正如清代小说《花月痕》第五回评述文字里写的一样：“用暗中之明，明中之暗价，草蛇灰线，马迹蛛丝，隐于不言，细入无间。”这种“隐于其中，细入无间”的方式，恰是圣人“普度众生”的法宝。至于令人，若要使得自身魅力加分，料想“珍爱物命”与“宽以待人”两则，必不可少。

第025则
——不论祸福而处事，平正精详为立身

【原文】

大丈夫①处事，论是非，不论祸福；

士君子②立言③，贵平正④，尤贵精详⑤。

【注释】

①大丈夫：有志气的男子。

②士君子：读书人；知识分子。

③立言：树立精要可传的言论。

④平正：持论平正。

⑤精详：精要详尽。

【译文】

有志气的人在处理事情时，只问如何做是对的，并不问这样做为自己带来的究竟是福是祸；读书人著书立说时，最重要的是立论要公平公正，若能更进一步去要求精要详尽，那就更可贵了。

【解析】

“趋利避害”是人的本性，情有可原，但是，如果这个“避害”违背了是非准则，那么，如何取舍这是摆在人们面前的抉择。一个真正的有志之士，首推的是明辨是非，重节操鄙私利，不为祸福忧，只为真理存。古往今来，许多仁人志士为真理而斗争，有的取得了胜利，有的却因此而蒙冤，甚至献出宝贵的生命。哥白尼因坚持“日心说”，遭到了封建神权统治的迫害；为追求和坚持真理，许多革命先辈为民族的独立解放和人民的自由幸福宁死不屈，奋斗终生。他们义无反顾地奋争，有勇气承担一切祸福，不因此而丧失人格。所以，大丈夫处事，论是非不论祸福。

大丈夫与士君子，在某种意义上，精神气脉是相通的：著书立言，行的是经国大业，须有益于后人，有益于天下，方无愧于文人士君子之使命。如此而言，立言的公正，当属治学的“入门守则”，在此基础上，追求缜密翔实，这才是一个知识分子该秉持的真正节操。

一个有志节的人，在处理任何事情时，首先想到的一定是“是”和“非”，最后坚持的一定也是“是”和“非”。只论是非而行事，必是“当是者是之，当非者非之”。

第026则
——不求空读书，而要务实事

【原文】

存科名①之心者，未必有琴书之乐；

讲性命之学②者，不可无经济③之才。

【注释】

①科名：科举功名。杜牧《樊川集》有云："或以吏理进官，或以科名入仕。"

②性命之学：讲求生命形而上境界的学问。是中国古代哲学里的一个范畴，表示世间万物的禀赋。

③经济：经世济民，唐朝诗人李白曾言："令弟经济士，请居我何伤。"

【译文】

存有追求功名利禄之心的人，未必能享受到琴棋书画带来的乐趣；讲求生命形而上境界的学者，不能没有经世济民的才学。

【解析】

套用时下流行的"情怀"一词，想必作者鞭挞的就是一心求科名者的"零情怀"状。功名利禄之心，一旦太甚，那么身心必定陷入无形的陷阱，束缚在科举功名的"牢笼"之中。"范进中举"般的窘态与可悲，让人唏嘘的同时且令人悲哀。人如果一心想做官，追求富贵荣华的生活，必定将身心都投在经营功利之中，如何有心慢慢欣赏一首音乐，细细品读一本书呢？庄子在《则阳》篇中说："荣辱立，然后睹所病。"意思是说，人们心中有了荣辱的念头，就会看到种种忧心的事情。过分关心个人的荣辱得失，就只能陷

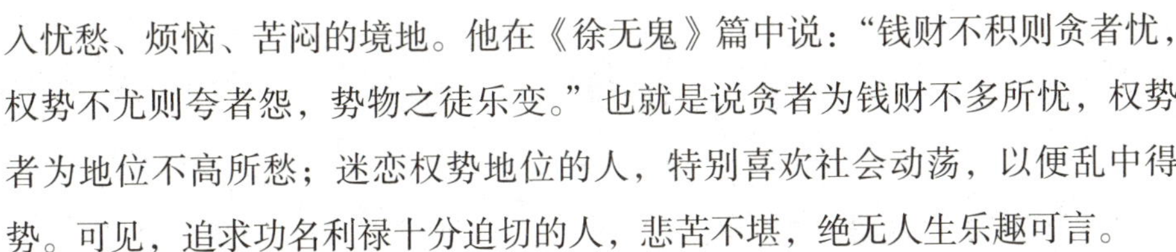

入忧愁、烦恼、苦闷的境地。他在《徐无鬼》篇中说：“钱财不积则贪者忧，权势不尤则夸者怨，势物之徒乐变。”也就是说贪者为钱财不多所忧，权势者为地位不高所愁；迷恋权势地位的人，特别喜欢社会动荡，以便乱中得势。可见，追求功名利禄十分迫切的人，悲苦不堪，绝无人生乐趣可言。

人本是大自然的鲜活个体，在社会这个群体之中，放飞个性，畅享山水田园之乐，在琴棋书画的清幽雅韵中陶冶与舒展，是那么自然而惬意的事，假使只有“科名”心，那么就会为“科名”所累，且这样的“科名”多是掩盖在追求利禄目的之下的“假科名”。

第027则
——遇事勿躁，淡然处之

【原文】

泼妇之啼哭怒骂，伎俩①要亦无多，唯静而镇之，则自止矣；

谗人②之簸（bǒ）弄挑唆③，情形虽若甚迫，苟④淡而置之，是自消矣。

【注释】

①伎俩：把戏、花样。

②谗人：喜欢用言语毁谤他人的小人。

③簸（bǒ）弄挑唆：搬弄是非，挑拨离间。喜欢用言语毁谤他人的小人。

④苟：假如。

【译文】

蛮横而不讲理的妇人子任她哭闹、恶口骂人，也不过那些花样，只要定思静心不加理会，她自会终止吵闹。好说人是非的人，不断地以言辞来毁谤他人，似乎把人逼得走投无路，如果人们对诽谤之辞淡然处之、置之不理，

那么这种人自然会停止无益的言辞。

【解析】

在《论语·阳货》中，孔子曰："唯女子与小人为难养也，近之则不逊，远之则怨。"尽管此语有被人诟病为"不尊重女性"之嫌，但是，把"女子"置换成"泼妇"，却也自有一番道理。"泼妇"之流，不同于"君子之人"的"愈近愈敬"，而是"若远之则生怨恨，言人不接己"，并且愈加可恶的是，蛮横无理，啼哭怒骂，伎俩使尽。"秀才遇到兵，有理讲不清"，我们常会遇到一些不可理喻的人，简直无法和他讲通，倒不一定是女人，"泼妇"只是一些不可理喻的人的代称而已。因为古时女子多数无法受教育，所以便有一些不明理的女子，遇事不管体统，只会吵闹。故此对那些不明事理的人，一概称之为"泼妇"，也是可以的。但是，还有一种似"泼妇"之人，也许身为男子，却同样无理取闹、胡搅蛮缠，对付这类人，"以静置于百动"是个好招式，从精神上藐视，从战术上取胜，这种人自会"偃旗息鼓"。

世间总有一些蛮横无理、乐于争吵之人，亦有一些搬弄是非、颠倒黑白的人。与其相处，难免会遇到各种麻烦。但谎言终有拆穿的时候，众人自会明了"说人是非者，即是是非人"的道理。因此，对待这种人，无须与他计较，态度镇定，行若无事，只当他的吵闹是乌鸦叫，不予理睬。等他吵闹得精疲力竭时，便觉得自讨没趣而闭嘴了。

第028则
——救人于危难，脱身于牢笼

【原文】

肯救人坑坎中，便是活菩萨[①]；

能脱身牢笼外，便是大英雄。

【注释】

①菩萨：指具有慈悲与觉了之心，能救渡众生于苦难迷惑，并引导众生成佛的人。

【译文】

肯劳神费力去救苦救难的人，便如同菩萨再世；能不受社会人情的束缚，超然于俗务之外的人，足以称之为最杰出的人。

【解析】

从人类远古的“图腾”信仰，到佛教中的“菩萨”信仰，人类始终把“修行”作为漫漫人生路之“行进基石”。不管是高堂达官显贵，还是乡间妇孺童子，想必对“菩萨再世”都能娓娓道来、趣味盎然，这是民族文化在集体潜意识中的积淀。

立地成佛，成的不是神学意义上的佛，而是社会学意义上的人，这种人，能够救人于苦难，能够伸张正义、舍己为人，这是一个“大仁大义”的彰显。同样，一个社会态势之下，如果“活菩萨”频现，那么，基本判定这是一个“正义凛然，公序良俗通行”的好时代。在这个时代下的人，自由与良善的信念得以舒展，人性在纯良的道路上安好！

由“菩萨”的禅宗意境映射到人类的“脱离牢笼”，其实只有一步之遥。人之可哀处，常在于被“牢笼”

所缚，那么，摒弃心魔，了却杂念，回归禅宗所谓的空灵之境，就是大善，就是俗世中的“大英雄”。“苏武牧羊”的达观与隐忍也好，陶渊明的“性本爱丘山”也好，都是于心于人追求“脱离牢笼”的快意人生，即便身陷囹圄，心亦超脱；身在南山，心无所牵，这才是真正地品味了人生禅意。那么，人怎样才能冲破牢笼呢？《菜根谭》中指出：“忙处不乱性，须闲处心神养得清；死时不动心，须生时事物看得破。”这就是说，事杂忙乱时，要保持本性不变，就必须在闲暇时特别注意精神上的怡养。要在诀别人世时无遗憾、不动情，就必须在活着的时候洞明生死常理，把死当作人生的必然归宿，也就能把生死置之度外了。这就是说，冲破“牢笼”，贵在修身养性，洞明事理；要冲破“牢”，还必须在各种复杂的环境里经受磨难和锻炼，以形成坚贞内在的心性和品质。这也说明，人脱身“牢笼”的过程，就是一次艰难的蝉脱，带血的冲刺。

第029则
——待人要平和，言语勿刻薄

【原文】

气性[①]乖张[②]，多是夭亡[③]之子；

语言深刻[④]，终为薄福之人。

【注释】

①气性：气质，性情。

②乖张：性情执拗，怪僻。

③夭亡：少壮而死，短命。

④深刻：尖酸刻薄。《史记》有云：“是时赵禹、张汤以深刻为九卿矣。”

【译文】

脾气性情乖僻或是执拗的人，多半是短命的人；讲话总是过于尖酸刻薄的人，可以断定他没有太大的福分。

【解析】

“待人须平和，讲话忌刻薄”，这是为人的基本修养。气性乖张暴戾之人，如何会早夭呢？那是因为这种人的心胸狭隘，凡事无气量无格局，而“心”统摄人体器官的运行，一旦心乱如麻、心如刀绞、心浮气躁，那么必定有损健康，这是其一。其二，这种人容易四面树敌，常常让自己处于四面楚歌之境，你说，天不亡此人，岂不是违背了天理？这正应了一句老话：掘地三尺埋他人，不料掘墓埋己身。

至于这种乖张之人，往往出言不逊，于有形无形中口吐“利刃”伤人甚深。讲话总是尖酸刻薄的人，活着十分辛苦。他们什么事情总是放不下，倒不如一些不思不想，凡事不计较的人来得有福。因为他们心无挂碍，自由自在。过于尖刻之人，对小事斤斤计较，对别人怀疑嫉妒，终日为利害所纠缠。身在悠闲，内心却不安逸，食不知味，寝不安枕。即使将天下最甘美的山珍海味放在他面前，他也无法享用。这种人怎么会有福气？为了“自求多福”，做人还是厚道些吧。

“人摇福薄，树摇叶落，扶摇直上全靠托。”出口伤人，本就是“口出不逊”的表现，而恰恰人世间就恍如一个大磁场，失去了众人之“托”，这种人又如何能够“扶摇直上九万里”呢，只怕是落得个孤家寡人的下场。一旦谦和温良之心不复附体，“福”还有什么理由靠拢这种人呢？

古人云：“宰相肚里能撑船”“心底无私天地宽”“与人为善，自己为善”等。因此，不管是谁，只要为人处世谨慎、大方、豁达、厚道，总能够得到世人的尊重和帮助，必定为多福长寿之人。

第030则
——千里之行，始于足下

【原文】

志不可不高，志不高，则同流合污，无足①有为矣；

心不可太大，心太大，则舍近图远②，难期有成矣。

【注释】

①无足：不可能之意。

②舍近图远：只想图谋远大的目标，而对现在应该完成的事不屑一顾。

【译文】

一个人的志气不能不高，如果志气不高，就容易为不良的环境所影响，不可能有什么大作为；一个人的野心不可太大，如果野心太大，那么便会舍弃切近可行的事，而去追逐遥不可及的目标，很难有什么成就。

【解析】

要有所作为，就不得不提“立志”与“践行”这一命题，有一句俗话是“志当存高远，路自脚下行”，这就说明了“立志”与“行志”之间是存在着辩证关系的。如果没有志向，那就相当于没有灯塔和目标，一着不慎就会与世一沉浮，了无去路。所以，立“高远之志”就是给人生定下奋斗的基调。

先贤圣人们，无不谙晓其中道理，在《诸葛亮集》中，先生这样表述：“夫志当存高远，慕先贤，绝情欲，弃疑滞，使庶儿之志，揭然有所存，恻然有所感。”这是诸葛先生的树人准则。至近代，北洋水师中航速最快的一艘战舰就被命名为“致远”号，蕴含“乘风破浪、势不可当、奔向远方”之意，所以，要立志，且要“立高志”。

那么，树立“高志”之后，采取何种途径来实现，这就涉及“途径”或者说是“方式”了。诸多眼高手低之辈，空立大志，而没有量的厚积，或舍近求远，或野心勃勃，或好逸恶劳，故他们的“高远志向”如同摆设，最终流于虚无。

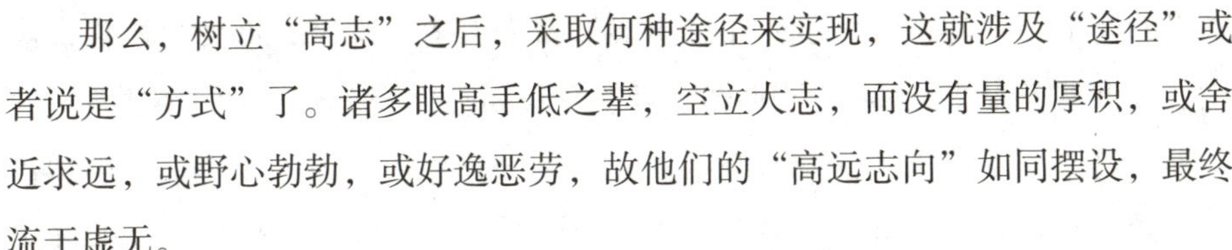

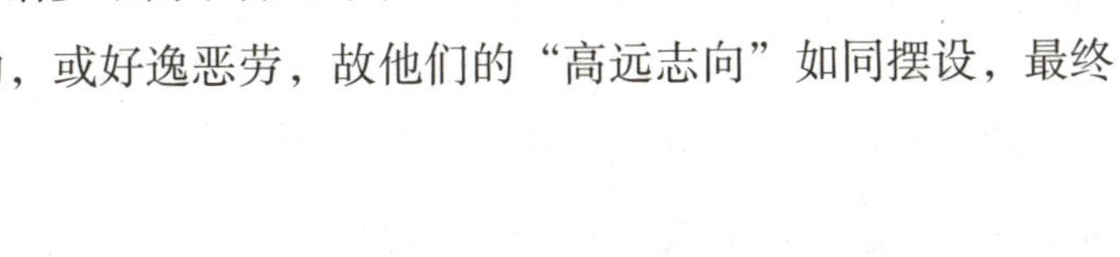

第031则
——贫贱不能移，富贵要济世

【原文】

贫贱非辱，贫贱而谄（chǎn）求①于人者为辱；

富贵非荣，富贵而利济②于世者为荣。

讲大经纶③，只是实实落落；

有真学问，决不怪怪奇奇。

【注释】

①谄（chǎn）求：阿谏献媚而求之。

②利济：有益于事。《黄帝·宅经上》有云：“金玉之献，未足为珍。利济之徒，莫天于此。”

③经纶：经世治国之学。

【译文】

贫穷与地位卑下并不可耻，可耻的是因此而去奉承别人以期一些卑微的施舍；富贵也并非十分光荣，光荣的是富贵而能够帮助他人，有利于世。讲经世治国的学问，应当是实在可行的；真正有学问之人，绝不会高谈怪诞不经的言论。

【解析】

此处的“贫贱”划分，凭借的与其说是物质财富的多寡，不如说是精神境界的高下。换句话说，若“精神世界”庶而丰盈，那么，即使物质上捉襟见肘也并非是耻辱之事，可耻的是因为贫贱而去趋炎附势，而去献媚于人，这种人终究会不齿于人前。古今中外，靠谄媚获得地位的人物很多，唐朝造乱的安禄山即是。有一次，唐玄宗拍着安禄山的肚子问：“你这胡人的肚子里有什么，怎么这么大？”听皇帝这么一问，他顿时乖巧精明起来：“这里面没有别的东西，只有忠于陛下的一颗红心。”这个叛乱的武夫当初实施的就是专挠权贵“痒痒肉”的“精神贿赂”，今人看来又何其可笑！

孟子《滕文公下》：“富贵不能淫，贫贱不能移，威武不能屈，此之谓大丈夫。”用今天的话来说，就是家有万贯，身居高位，不可以骄奢淫逸；家贫位卑，不坠其心，仍保持大丈夫的节操和志向。贫贱非贱，富贵非贵。安贫乐道或发愤图强，不是可耻的事。真正可耻的是在追逐名利中失去灵魂和尊严的人。孔子不仅赞同安贫乐道，更主张“富而好礼”。用自己的钱财救助于苦难，广施博济；用自己的权力施恩于众人，造福人类，才会有永存的富贵。

第032则
——敦伦者即物穷理，为士者顾名思义

【原文】

古人比父子为桥梓（zǐ）①，比兄弟为花萼（è）②，比朋友为芝兰③，敦伦④者，当即物穷理⑤也；

今人称诸生曰秀才，称贡生曰明经⑥，称举人曰孝廉，为士者，当顾名思义也。

【注释】

①桥梓（zǐ）：“桥”同“乔”古人以乔木喻父，以梓木喻子，因为乔木

高高在上，梓木低伏在下。

②花萼（è）：花萼喻兄弟，同出一枝，彼此相依。

③芝兰：比喻朋友。《家语》云：“与善人居，如入芝兰之室，久而不闻其香，即与之化矣。”朋友贵在相劝，故以芝兰比喻朋友。

④敦伦：敦睦人伦。

⑤即物穷理：程朱理学认为“理”在物先，事物是“理”的表现，要根据具象事物来推理。

⑥明经：唐制以经义取士，谓之明经。

【译文】

古人把“父子”比喻为乔木和梓木，把“兄弟”比喻为花与萼，把“朋友”比为芝兰香草，因此有心想敦睦人伦的人，由万物的事理便可推见人伦之理。今人称读书人为“秀才”，称被举荐入太学的生员为“明经”，又叫举人为“孝廉”，因此读书人可以就这些名称，明白自己应有的内涵。

【解析】

乔梓、花萼、芝兰，都是自然界的生物，天地万物，其生长都有一定的次序，依序顺行不悖，天地才有一股祥和之气，人伦亦复如此。乔木高高在上而梓低伏在下，正像子对父应敬事孝顺；花与萼同根而生，相互依存，可以相见兄弟的亲情与相互扶持；芝兰的香气幽远，可见与有德的人交朋友，可受其感化，使自己也成为有德之人。

这一组比拟关系，形象得体且洋溢着人伦世道的芬芳：挺拔苍翠的乔木庇荫低伏幼小的梓木，父慈子敬，“桑梓情”跃然而出；花萼同出一枝，交相辉映，“兄弟情”同生共荣；芝兰之香，贵在弥漫，“挚友情”潜移默化。“程朱理学”的人伦之理在对具象事物的“起兴”中展示得淋漓尽致，且让人品味之余，回味无穷。

“秀才”，是古人乃至今人对读书人能够学有所成的人的称谓。田苗茁壮为“秀”，苗秀方有收获，苗而不秀则无收成。因此，读书人贵在知书达理，学有所成。否则，不可称为“秀才”，或者是空有“秀才”之名了。“贡生”，是指能够明白经书中的道理，并能身体力行的人。若经不明、身不正、行不实的人，就不能称之为“贡生”，或者空有了“贡生”之名。“举人”，是指那些有学识、有作为，并具有孝顺清廉德行的人。否则，则不能称之为“举人”，或者空有“举人”之名。人们从这些名称中可以推知它们应有的内涵，有这些名称的人更应该深悟其内涵，循名而求实，明确自己的义责、使命，做到名副其实。

第033则
——以身作则教子弟，平气静心对小人

【原文】

父兄有善行，子弟学之或不肖①；父兄有恶行，子弟学之则无不肖；可知父兄教子弟，必正其身以率之，无庸（yōng）②徒事言词③也。君子有过行，小人嫉之不能容；君子无过行，小人嫉之亦不能容；可知君子处小人，必平其气以待之，不可稍形激切也。

【注释】

①不肖：不像，不如。

②无庸（yōng）：不用，不需要。

③徒事言词：仅使用言辞。

【译文】

父辈兄长有好的行为，晚辈学来可能学不像，也比不上；但父辈长兄若是有不好的行为，晚辈倒是一学就会，没有不像的；由此可知，长辈教晚辈，一定要先端正自己的行为来率领他们，而不是只在言辞上白费功夫，不能以身作则。有德的人的行为若有差池，无德之人因为嫉妒一定无法容忍；但有德之人即使不犯过失，小人出于嫉妒也不见得能容他；由此可知，有道德的君子和无道德的小人相处时，一定要平心静气地对待他们，不可过于激切。

【解析】

古人教育子女，一个“肖”字，把家庭教育的“诀窍”表现得惟妙惟肖！古人不懂各种现代的教育心理学，也没有构建关于家庭教育的理论体系，但是，他们从耳濡目染的鲜活现实中提炼出了教育子孙的“法条”，朴素而且经过了时间的检验，那便是“其身正，不令而从；其身不正，虽令不从”。与其喋喋不休训导，不如以身垂范熏染，总归子孙后代会因此“习得”几分，“肖”似几分。修德好比爬山，父兄登在高处，子弟不一定爬得上，父兄若在坑谷，子弟一滚就下。俗话说：“上梁不正下梁歪”，身教重于言教，做长辈的，还是要多多检讨自己的言行才对。

向来小人就是嫉妒君子，因为小人没有什么雅量，看不得别人比自己好。因此，一旦那些有德的君子犯了一些小过失，也就会被那些无德的小人加以夸大、渲染，并且乘机下绊子，然后他们才会快活。所以，君子和小人相处时，一要慎言慎行，正心正身，不给小人以口实；二要平心静气，不要因为太急切于维护真理、道德而跟对方斤斤计较；三是不要过于严厉地责备对方；四是一定要洁身自好，遇到问题尤其要保持冷静，不可情绪化而中小人的诡计。因为他们本来就是小人，自然也没有什么雅量来容忍别人的过失。只怕教他不成，反而使他恼羞成怒了再来害人。“宰相肚里能撑船”“君子不计小人过”，淡然处之才是真。

第034则
——守身思父母，创业虑子孙

【原文】

守身不敢妄为，恐贻（yí）①羞于父母；

创业还须深虑，恐贻害于子孙。

【注释】

①贻（yí）：遗留。

【译文】

一个人洁身自爱而不敢胡作非为，是怕自己因为不好的行为会使父母蒙羞；开创事业时，更要深思熟虑，以免将来危害子孙。

【解析】

中华民族自古以来就推崇“家道门风”，从南北朝时期的《颜氏家训》到现代的《傅雷家书》，莫不如此，在守身立命之余，树立家风，以期传承。在《颜氏家训》中，记述了个人的经历、思想、学识以告诫子孙，循循善诱，分别讲了教子、兄弟、嫁娶、治家、慕贤等方面的要求和见解，其情之切令人动容。《傅雷家书》更是“鸿雁传书话家常”的典范，于日常学习与生活中娓娓道来做人的道理与家族的风骨。上述均是“自上而下”的教导，然则，浸染到子孙后代处，便能产生“回溯”效应。家风清明居正，试问诸位后人如何还能够“妄为”与“贻羞于父母”？

如此看来，“自上而下”与“自下而上”原本是浑然一体的，彼此窝于其中，由此，后人守身立人之际，方会据“父母脸面”“家族门风”作计谋。此处又推及先人创业之思，置于此处做比，尤为精妙：先人创业，须得缜密而周详，这样才能使得“当路莫栽荆棘树，他年免挂子孙衣”。

第035则
——待人不可势利，习业不要粗心

【原文】

无论做何等人，总不可有势利气①；

无论习何等业，总不可有粗浮心②。

【注释】

①势利气：看重有财势者，轻视无财势者。

②粗浮心：粗疏草率且枉浮之心。

【译文】

不管处于何种社会地位，做人最重要的是不可有嫌贫爱富和以财势来衡量人的习气；不论从事哪一种事业，都不能有粗疏轻浮的心思。

【解析】

做人应该做个谦谦君子，重义而轻利，切不可唯利是图、沆瀣一气，因为趋炎附势之人必定不得善终。宋代王林在《野客丛书》中说："姜太公妻马氏，不堪其贫而去。及太公既贵，再来，太公取一壶水倾于地，令妻收之，乃语之曰，若言离更合，覆水定难收。"马氏的势利，换来的只能是羞辱！

"等"有等第、阶级之意；古代社会，阶级的观念相当重，现在则有工作地位及贫富的差别。但无论从事何种工作，不管是高高在上的管理阶层，或是以劳力赚钱的工人农民，最重要的，不要有一种以财富地位衡量人的习气。不管从事哪一行，人都要有"匠心"，不可草率粗疏以待。待人须实实在在，不可势利，做事也要细心，万勿粗心大意。司机疏忽一时，可酿成车祸，屡见不鲜；指挥官稍有不慎，可导致战争失败。刘备大意失荆州，成千古遗恨。所以"一着不慎，满盘皆输""差之毫厘，谬以千里"。因此，只有踏踏实实，一步一个脚印，谨慎从事，事业才会成功。

其实，操业并不分高下，任何事情做好了都有"美感"与"收获"蕴藉其中。一流的匠人，必定有一流的心性，耐得住寂寞，方赢得来繁华。

第036则
——莫夜郎自大，要奋发图强

【原文】

知道自家是何等身份，则不敢虚骄[①]矣；

想到它日是那样下场，则可以发愤矣。

【注释】

①虚骄：自大骄傲，无真才实学。

【译文】

明白自己有多少内涵，就不敢妄自尊大；想到不奋发图强的后果竟是如此惨淡，就该振作起精神，努力进取。

【解析】

“身份”并不专指社会上的身份地位，因为社会上的身份地位是很明显的。这里讲的“身份”，主要在一个人对自己的能力和内涵，有一种清楚的认知。人贵自知，然而“自知”却是最难的。俗话说：“人贵有自知之明。”就是告诫人们要知道自家是何等身份，知道自己的长处，尤其要了解自己的缺点，知道和别人的差距。切不可过高地估价自己，有一点成绩就骄傲自大，夸夸其谈，唯恐别人不知。

有许多人小有才能，就自以为了不得；有的人没有什么能力，却十分傲慢。殊不知这就像站在凸透镜前，将自己照得很胖；又像癞蛤蟆胀大了肚子，自以为很大，别人看起来无非是笑话。一个人要有自知，才可能再充实自己，而不会夜郎自大。

林语堂先生曾说：“一个人在世对于学问是这样的：幼时认为什么都不懂，大学时自认为什么都懂，毕业后才认为什么都不懂；中年又认为什么都懂，到晚年才觉悟一切都不懂。”董仲舒说：“贺者在门，吊者在闾”，意思是说，祝贺的人进了家门，志哀的人也已经在巷口了。看来成败的差距悠忽可变，唯有奋发图强，才能长盛不衰。乐府诗集的《长歌行》有“少壮不努力，老大徒伤悲”的名训，在青春年少时浪费了自己的大好年华，想追回也不可能了，与其老来后悔，莫若及时总结经验教训，振作起精神，立刻发奋，从而成就一番事业。

第037则
——吃一堑长一智，莫到江心补漏

【原文】

常人突遭祸患，可决其再兴，心动于警励也；

大家①渐及消亡，难期其复振，势成于因循②也。

【注释】

①大家：高门贵族，大户人家。

②因循：沿袭旧法，不加变通。

【译文】

若是平常人突然遭受了灾祸忧患的打击，一定可以再重整旗鼓，因为突来的灾难使他们产生警戒心与激励心；但是，如果是豪门富室逐渐衰败，就很难指望会再重新振作起来，因为一些墨守成规的习性业已养成，很难摒弃。

【解析】

常言道："人生不如意事，十之八九。"生活的坎坷，人生的磨难，意外的打击，能促使人更加奋发进取，迎难而上。"逆境造就人才"，遇到困难和挫折并不是坏事，逆境反而给人宝贵的磨炼机会。只有经得起逆境考验的人，才能成为真正的强者。历史上很多杰出的人才都是从逆境中奋发图强最终成就伟业的。古今中外的伟人，大多是抱着不屈不挠的精神，从逆境中挣扎过来的。

北宋时宰相吕蒙正，年少时遭遇不幸，父母双亡，家道中落，身无长物，贫贱之下沦为乞丐。正是在这种困厄之境中，吕蒙正胸怀大志，不甘沉沦，愈加奋发，后来高中状元，身历两朝三次入相，且成为一代名相。

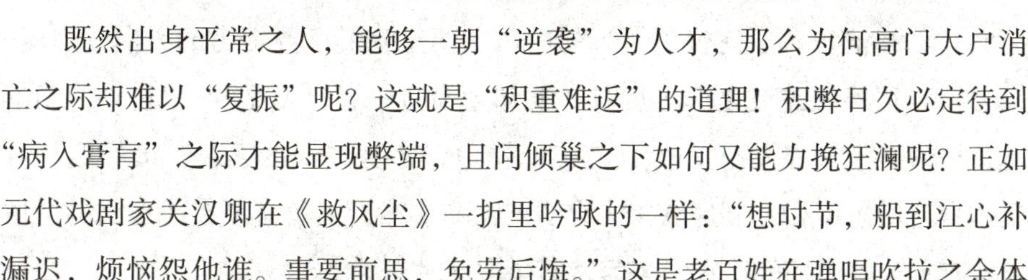

既然出身平常之人，能够一朝“逆袭”为人才，那么为何高门大户消亡之际却难以“复振”呢？这就是“积重难返”的道理！积弊日久必定待到“病入膏肓”之际才能显现弊端，且问倾巢之下如何又能力挽狂澜呢？正如元代戏剧家关汉卿在《救风尘》一折里吟咏的一样：“想时节，船到江心补漏迟，烦恼怨他谁。事要前思，免劳后悔。”这是老百姓在弹唱吹拉之余体悟出的大道理，放到当下，依然奏效。

第038则
——寿有尽时天无尽，富贵有定学无定

【原文】

天地无穷期，生命则有穷期，去一日，便少一日；

富贵有定数，学问则无定数①，求一分，便得一分。

【注释】

①定数：犹言命运为天所定。宿命论的观点。

【译文】

天地永远存在，无穷无尽，然而人的生命却是有限的，只要逝去一天，生命就短少一天；人的荣华富贵乃命中注定，然而学问知识则不是如此，只要用功一分，知识便增长一分。

【解析】

天地渺茫无期，而人命朝夕可数，这是宇宙间不可调和的问题，难怪世人均会慨叹。从两千多年前孔子的答语“日月逝失，岁不我与”至张若虚《春江花月夜》中吟咏的“江畔何人初见月，江月何年初照人。人生代代无穷已，江月年年只相似。不知江月待何人，但见长江送流水。”无不映射

出天地日月之绵长及韶华易逝之感慨。人的生命并不像天地那么长久无尽，因此经不起浪费。如何善用有限的生命，便是我们所要努力的方向。因此，千万不要彷徨蹉跎或是浑噩度日，要知生命过一日，便是少一日。“一朝临镜，白发苍苍”的感觉，何其苍凉？又包含多少追悔的无奈？最好能每日反省自己所思所行，到底获得了多少？又有多少时间是荒废在无意义的事情上？有了这种痛切的反省，相信就不会虚度时光了。

人生的终极意义显然不是以“富贵穷达”来定高下，一个人富贵而济人济世方为真富贵，所以不要“惟表面富贵是求”。一饮一啄皆有定数，顺应天理而为之，此为大善也。但是，至于学问，则不是以“定数”来衡量的，所以要戒焦躁戒懒散，须知治学来不得半点儿惰怠疏懒，种瓜得瓜、种豆得豆，辛苦一分得一分，向来都是朴素的大道理。

第039则
——做事要问心无愧，创业需量力而行

【原文】

处事有何定凭[1]，但求此心过得去；

立业无论大小，总要此身做得来。

【注释】

①定凭：一定的仗恃与依据。

【译文】

处理事情有时并没有一定的标准和凭据，只求问心无愧；创立事业的时候，无论从事哪一种行业，最重要的是自己要有能力应付。

【解析】

处事有何依据？让人时时莫衷一是，其实环境是变化多端的，并没有

“一刀切”的方式来处理纷繁世事，只要遵循处事的最高法则，那就是“问心无愧”。秉持自己的良心和操守，随心而动，问心无愧，这应该是一种可取的入世态度，且不失灵动。

好多事，做得好或坏，并没有一定的标准。有时自己做得不错，别人却说不好，有时别人偷懒，却得到很好的待遇。当然，人生在世，或多或少都会有一些遗憾，无论如何执着于拼搏，总归不能事事如愿，尽善尽美。但是，有一些“痴人”，偏要事事追求最完美，这就失去了处事的灵活性，让心受缚，生活变得艰涩不堪不说，还事与愿违，产生许多痛苦。正如秦末樊哙“大行不顾细谨，大礼不辞小让”，只要“此心过得去”，问心无愧为他人想，为自己活，做事不占全利，为人不求苛尽，如此这般，还有何可惧可忧呢？古人说得好：“知人者智，自知者明。”正确估价自己的能力，尽快感悟到自己的灵性，是一滴水就溶入大海，是栋梁就去支撑大厦，切不可好高骛远、爱慕虚荣，也不要为慕求功利跟着别人随波逐流。建功立业不论大小，都要从自己的兴趣、爱好、能力出发，符合自身的条件。如果自己的能力差得太远，经过努力也不能做到，那就难以取得成功；如果目标太低，很容易实现，也不能使自己的能力充分发挥。

第040则
——作文做人要平正，人品心术勿矫饰

【原文】

气性①不和平，则文章事功②，俱无足取；

语言多矫饰，则人品心术，尽属可疑。

【注释】

①气性：气质性情。韩愈《昌黎集》有云："自矜无当对，气性纵以乖。"

②文章事功：学问和事业。

【译文】

如果一个人不能平心静气地处世待人，那么就可断定他在学问和做事上不可能有什么值得效法之处；如果一个人的言语虚伪不实，那么无论其在人品或是心术上表现得有多崇高，都一样令人怀疑。

【解析】

抑自身浮躁之气是修身养性的根本，唯其如此，才能静观态势，与人为善，造出一片祥和之"境"。暴戾是非多，情绪激进而不稳，是成人成事的大忌，殊不知那么多智商出众的才人，最后都毁在了情商低下的短板上。凡事泰然处之，以静而观之，娓娓道来四平八稳，这是做人的智慧。

春秋左丘明《左传·襄公二十五年》云："仲尼曰：志有之；言以足志，文之足言。不言，谁知其志。言之无文，行而不远。"这就是说，语言用以表达思想，文采帮助语言流传。离开语言，人们就无法表情达意、交流思想；言谈没有文采，语言和思想就不可能流传很远。从人的言谈中，可以发现和

体味其思想和气志，这就是“言为心声”的道理。气性平和，根本在于不怀隐私杂念，不求愧心之利。明朝洪应明在《菜根谭》中指出：“此身常放在闲处，荣辱得失谁能差遣我？此心常安在静中，是非利害谁能瞒昧我。”则是无欲无烦恼，心静能明察。一个人只有甘于清闲淡泊，去除非分之想，才能不被荣辱得失、是非利害所困扰、所蒙蔽，才能真正做到心境恬淡、气性平和。人言与人品是密不可分的。在现实生活中，人们崇尚言由衷发，鄙视语言矫饰；同时，又注重言之有文，讲究语言技巧的运用。

第041则
——多读有益书，少交无益友

【原文】

误用聪明，何若①一生守拙（zhuó）②；

滥（làn）③交朋友，不如终日读书。

【注释】

①何若：何如，怎比得上。

②守拙（zhuó）：即以拙自安，不以巧伪与人周旋。

③滥（làn）：过度，没有节制。

【译文】

把聪明用错了地方，不如一辈子谨守愚拙；无节制地乱交朋友，倒不如整日闭门读书。

【解析】

宋苏轼在《洗儿》诗里面朗朗吟诵：“人皆养子望聪明，我被聪明误一生。惟愿孩儿愚且鲁，无灾无难到公卿。”这是何等的超脱，为何聪明反被聪明误呢，因为危险是随着智商与社会地位的提升而水涨船高的，你越聪明、成就越高，危险就越大，有的人之所以失败，并不是因为他不够聪明，而是自作聪明。反之，表面貌似愚笨守拙之人，做事踏实，常结善缘，倒是善始善终，这才是大智若愚之真正聪明人。《红楼梦》中的王熙凤，可谓聪明无比，计谋过人，但最终却落得个“机关算尽太聪明，反误了卿卿性命”的悲惨结局。聪明是一笔财富，关键在于怎样使用。财富可以给人带来幸福，成在其中；也可能给人带来祸害，毁在其中。凡是那些见不得人的聪明，都没有好下场。

交友是人生的需要，也是人求知成才、立业成事不可或缺的条件。然而，“君子择交而友”，不善交友、滥交轻往的人，则百害而无一利。古人提倡“以文会友，以友辅仁”。以文会友是有知识的人结识朋友、建立友谊的基本方式，以友辅仁是一切有识之士结交朋友、互勉互励的根本目的。古人有许多交友的禁忌和告诫。著名教育家、思想家王通（号文中子）《礼乐篇》云：“以势交者，势倾则绝。以利交者，利穷则散。”可见，势交、利交、色交都注定不会有好的结果。

第042则
——放眼读书，立根做人

【原文】

看书须放开眼孔①，做人要立定脚跟。

【注释】

①放开眼孔：比喻放开眼界、心胸。

【译文】

读书必须具有高远的眼界，才能高瞻远瞩，具有良好的判断力，以广泛吸取知识；做人要站稳自己的立场和坚持正确的准则，方能具有一定的见

地，不至于随波逐流，才能有所成就。

【解析】

人在有限的生命里，无法穷尽所有的真理，那么，通过读书可以博览古今，甚至通向未知的世界。所以，“书籍”如同一面魔镜一般，向人类呈现了包罗万象的博大世界。只是，书如何读，却是一门功夫，“书虫”若只知囫囵地“乱嚼”一气，是汲取不到精华的，依葫芦画瓢似的读法也是刻板与僵化的。朱熹《观书有感》中的两句诗“问渠哪得清如许，为有源头活水来”，意思就是要放开心胸，与新思想、新观点交流，自己的学问才不会成为一潭死水。书是心灵的窗口，是开启心扉、洞明事理的良师益友。因此，读书贵在一个打开“眼孔”上，眼界的开阔，心胸豁然，做到融会贯通，在生活中举一反三才是明智的做法。

清代吴敬梓《儒林外史》中的范进，读了一辈子书，五十多岁才中举，欲望达到得太迟了。一旦到来了，他便失去了控制，被屠户岳父打了两个耳光才清醒了过来。实在是可笑可怜的。中国古来反对读书有奢求，有奢求必然患得患失，心神不定。

孟子《尽心下》：“尽信书则不如无书”，这是精辟透彻的读书法，要求读者要善于独立思考问题。在接受新知识时应有独立的辨别力，才能去伪存真。做人要立定脚跟，也就是做人处世，必须坚定自己的心中信念，坚持原则，站稳立场，不违初衷，不要人云亦云。人一旦动摇了自己的信念，失掉了自己的主心骨，就会左右摇摆，无所适从，甚至误入歧途，走上邪路。

第043则
——持身贵严，处事贵谦

【原文】

严近乎矜（jīn）①，然严②是正气，矜是乖气③，故持身贵严，而不可矜；谦似乎谄，然谦是虚心，谄是媚心，故处世贵谦，而不可谄。

【注释】

①矜（jīn）：骄矜自大。

②严：庄严。

③乖气：邪戾之气。

【译文】

庄重有时看起来像是骄矜的样子，然而庄重是正直之气，而骄矜却是一种邪戾的习气；因此，立身处世最好是庄重而不要骄矜。谦虚有时看起来像是谄媚，然而谦虚是谦逊有礼不自满，谄媚却是因为有所求而讨好对方；因此处世应该谦虚而不要谄媚于人。

【解析】

“庄重”与“骄矜”，前者是心中正气的抒发，后者是矫揉造作，与心相悖。庄重严谨之人，对自己要求严格，一丝不苟，骄矜之人，矜持作态状，但掩饰之下必有觊觎。“谦虚”与“谄媚”亦然，用主观本相来衡量，高下立现：一为无所求，一为有所求；一为内敛，一为外求；一为精神上的求知心，一为物质上的欲求心。谦虚是内心的谦逊与平和；而谄媚多是言不由衷的举止，是虚言矫饰自辱名节，显然是“心怀鬼胎”的作态。差别甚大。因此，我们待人接物不能有谄媚的心理，却不可无谦虚的态度。

因此，为人要做谦谦君子，而不可当谄媚之小人。虚怀若谷的人，即使学问渊博也不会骄傲自满，古人曾训勉：“满招损，谦受益”，可知谦虚可以使我们获得更多的新知，博得更多的尊重。能虚心受教的人，才能不断地充实自我。而谄媚是一种钻营奉承的态度，为达目的，不惜卑躬屈膝以讨好人，因此，才说它是“媚心”。“虚心”和“媚心”相比较，一为无所求，一为有所求；一为内敛，一为外求；一为精神上的求知心，一为物质上的欲求心，差别甚大。因此，我们待人接物不能有谄媚的心理，却不可无谦虚的态度。

第044则
——财要善用，禄要无愧

【原文】

财不患其不得，患[①]财得，而不能善用其财；

禄（lù）[②]不患其不来，患禄来，而不能无愧其禄。

【注释】

①患：忧虑、担心。

②禄（lù）：官体、福气。

【译文】

不要担心得不到钱财，只怕得到财富后不能好好地使用；俸禄福分也是如此，不要担忧它不降临，而应该忧虑能不能无愧于心地得到它。

【解析】

“天下熙熙，皆为利来；天下攘攘，皆为利往。”佛陀告诉我们，钱财是

毒蛇、是老虎，某种意义上是有道理的！的确有人为了钱财或盗窃抢劫，或行骗卖淫，或敲诈勒索投机倒把，如此等等，皆为获取钱财而不知寡廉鲜耻，甚至丧失身家性命，这都归咎于内心的贪念与愚蠢，归咎于取财无道里智慧的人，不仅取财有道且还会善用钱财，那就是造就社会财富，有益民生。“官禄”同“财富”一样，世人都渴求，但是世人能有人把官当好，把福享成呢？如果是贪官、债官、狗官，“覆舟”的宿命迟早会来临；清官、好官，才会无愧于心，获得不负众望的福分。

世人都渴望官禄和福分，然而，究竟有几个人当得起呢？如果不由正当途径得到，或是得到了，却尽是做一些亏损福的事，对不起自己的良心又有什么用？因为，为了这些外在不长久的福禄，已经将自己的人格输掉了。其实，福禄本无定数，又何必太过执着？倒不如求自己内心的福禄，无谄无曲、不伎不求便是心福，谁也夺不去。

第045则
——交朋友求益身心，教子弟重立品行

【原文】

交朋友增体面①，不如交朋友益身心；

教子弟求显荣②，不如教子弟立品行。

【注释】

①体面：面子。

②显荣：显达荣耀。

【译文】

如果交朋友是了增加自己的面子，倒不如交一些真正对我们身心有益的朋友；如果教自己的子孙后代是为了求得显贵荣耀，倒不如教导他们做人应

有的品格和行为。

【解析】

荀子在《劝学》中将交友喻为“蓬生麻中，不扶而直；白沙在涅，与之俱黑”。可见朋友的影响甚大。有些人喜欢和达官贵人交往，逢人便说，借此提高自己的身份。实际上，这是极愚蠢的行为。因为人之相交，贵在相知，若是为了炫耀，倒不如去和金钱交往。而如此交友，也很难得到朋友的真心相待，因为他也知道，一旦没有了荣华富贵，友情也就荡然无存。真正的朋友，必定有益于身心；在患难时，互相扶掩能共听一首曲、共赏一幅画；更能忠告劝导，彼此提携，这才是真正的朋友。这岂是那些握手如握钱，皮笑肉不笑的人所能明白的？

教子女做人是一门大学问，“人”字一撇一捺，顶天立地，互相支撑，如果做人只为求显达，人就丧失了做人的根本，不过是个衣冠楚楚的“俗物”罢了。“君子务本，本立而道生”，这里“本”指的就是做人的根本——仁、义、礼、智、信等良好的品行，一个人具备这些，即便没有富贵荣华，仍不失为一个高尚的人。

教导孩子，一定要着重在做人应有的品格和行为上，而不应该灌输孩子追求富贵荣华的错误观念。因为，前者教导他如何成为一个“人”，如何完成自我。如果没有前者做根本，人也不过是个衣冠禽兽罢了。培养孩子拥有端正的品性，才能让他们正义求财。品德是做人的根本，有本才能立业。

第046则
——君子重忠信，小人徒心机

【原文】

君子存心①，但凭忠信，而妇孺皆敬之如神，所以君子落得为君子；小人处世，尽设机关②，而乡党皆避之若鬼，所以小人枉做了小人。

【注释】

①存心：心里怀着的念头。

②机关：计谋。

【译文】

君子做事，凭借的是忠实诚信，妇人小孩都对他极为尊重，所以君子之为君子并不枉然；小人处世机关算尽，使得左右乡亲都离他远远的，把他视为鬼魅，所以小人费尽心机也遭人唾弃，可说是白做了小人。

【解析】

“君子”与“小人”，俨然站立在道德审判席上的两端：君子为人所敬，小人为人所恶。君子之所以为君子，秉承“忠信”两字立身行天下，妇孺皆敬；小人花样百出，如同跳梁小丑，世人视作魔鬼。唯恐避之不及。

“君子怀德，小人怀土。君子怀刑，小人怀惠”——君子和小人每天心中惦记的事情是不同的，君子牵挂的是道德修为，小人记惦的则是一己私利、君子心中始终有一份规矩、法度，不得超越；小人则满脑子贪图小恩小惠。小人待机关算尽，终究会被人识破，其结果是枉费心机。

君子以诚实守信为本，注重自身修养，一日三省其身，品德和情操高尚，当然为人所敬仰。《飞语·述而》：“君子坦荡荡，小人长戚戚”，孔子认为，作为君子，应当有宽广的胸怀，可以容忍别人，容纳各种事件，不计个人利害得失。小人爱斤斤计较，心胸狭窄，与人为难、与己为难，时常忧愁，局促不安，就不可能成为君子。通过以上的对比，我们知道了君子与小人的习性刚好是两个极端。那些总喜欢对别人指指点点，挑三拣四的人就是小人的某一特性。品行卑劣的小人，信奉：“人不为己，天诛地灭”的利己主义信条，为一己之私处心积虑地算计别人，反复无常，毫无忠诚信义可言。所以这种人根本听不进去长者的教诲，本身已是满身成见，任何劝勉也听不进去，只装了一肚子垃圾，还自以为是地不懂装懂，这种人怎么去培养他的君子之道呢。

第047则
——对己要严格，对人要宽容

【原文】

求个良心①管我，留些余地②处人。

【注释】

①良心：天生的良善之心。

②余地：余裕；宽裕之处。“留余地”亦即让人。

【译文】

希望自己有一颗良善之心，使自己不违拗于良心；为别人留一些退路，使他人也有容身之所。

【解析】

诸事但求良心安，这是老百姓的行事法则。从孟子开始，统摄于“良心”的理念就已然肇端，至明代王阳明，他把人的“精神”称为良知，不仅

是天地万物之本，同时也是道德的本体，这一哲学概念为儒家学说注入了新鲜的血液，疾呼“良知在于人心”“良知之外更无知”。法国启蒙主义思想家卢梭也视“良知”是上帝赋予的，是人灵魂深处的正义与道德之呼唤。“万金易求，良心难得。”我们的心常常受到各种物质的引诱，偏见的误导、恶人的拨弄，往往把自己原有的一颗良善的心失落了。换得的是偏心、妒心、贪心、邪心……揽镜自照，连自己也不认得。如果，有谁能时时体察自己的良心，使自己更勇于分辨是非善恶，就真的十分难得了。深夜扪心，有几人能对他人毫无亏欠，能昂然天地之间而无所愧疚呢？良心约束自己，留些余地待人，凝聚着一种天然的向心力，自会让人得来福报，不由人不信。

地之大，无处不可容身；人心若小，却无处可以容人。人非圣贤，孰能无过？给别人留下后路，自己的内心就更充实，人与人之间就会更加和谐美好。任何人，总有做错事的时候，只要不是十恶不赦之徒，只要他能改过，总是可以原谅的。谁又能担保自己永不犯错呢？假如犯错的是我们自己，又何尝不希望别人能原谅我们呢？因此，着实没有必要把别人逼得走投无路。更何况，能为人留下后路，自己的内心会更充实，人与人之间也会更祥和。

第048则
——一言可招大祸，一行可玷终身

【原文】

一言足以召①大祸，故古人守口如瓶，惟恐其覆（fù）坠②也；

一行足以玷（diàn）③终身，故古人饬躬若璧④，惟恐有瑕疵（cī）⑤也。

【注释】

①召：同“招”，招惹之意。

②覆（fù）坠：倾倒坠亡。

③玷（diàn）：污辱。

④访躬若璧："饰"是治理，"躬"指自己，形容自身修养得如同白璧一样无瑕。

⑤瑕疵（cī）：玉上的斑痕，比喻过失。

【译文】

一句话就可以招来大祸，所以古人守口如瓶，唯恐招来杀身毁家之大祸；一件错事足以使一生清白受到玷污，所以古人守身如玉、行事谨慎，唯恐让自己有人格瑕疵。

【解析】

晋朝人傅玄可谓是明白人，一语道破人之"病从口入，祸从口出"，话语平实，但玄机暗伏，有道是"兽有长舌不能说，人有短舌不该说"。日常生活中，有许多言辞并不是我们非说不可的，因而没有必要唇枪舌剑或信口开河，有些话中听不见得中用，弄不好还会招来诸多是非，虽不致句句招来杀身之祸，却也常常置人于不堪之境。印光大师开示"在家常思己过，闲谈莫论人非"，话该少说，事该多做，这是老祖宗印证过的古训。

谨言之下，必有慎行。言与行，皆统摄于心，一失足成千古恨，让人不得不临事三思。当下诸多为官不仁者，为私利而"晚节不保"，让自己半辈子的清白名声一地狼藉，假如这些人有着古人"访躬若璧"的操守，又何至于被千夫所指呢？

第049则
——处横逆而不较，守贫穷而坐弦

【原文】

颜子之不较①，孟子之自反②，是贤人处横逆之方；

子贡之无谄，原思[3]之坐弦（xián）[4]，是贤人守贫穷之法。

【注释】

①不较：不计较。

②自反：自我反省。

③原思：孔门弟子原宪，字子思。

④坐弦（xián）：自在地弹琴取乐。

【译文】

颜渊不计较他人的冒犯，孟子则自我反省，这是君子在遇人蛮横不讲理时的自处之道；子贡不因贫窘而去谄媚，原思则贫困之下依然弹琴自娱，这是君子在贫穷中仍能自守的方法。

【解析】

圣贤面对横世之蛮荒小人，可谓是“出世之豁达”与“入世之自省”双管齐下；且看颜回之“不计较”，避开针尖对麦芒的无谓之争，而选择宁静淡泊、修养身心，对“横逆”熟视无睹；而孟子则积极地进行自我反省，从自身出发找出问题的症结，然后对症下药，化“戾境”为无形，这是孟子的处世之道。放之当下，当我们遭遇困窘与横逆之际，或许这些老祖宗的“汤药”依然是“救于当下”的良方。

在先圣先哲和有修养的人眼中，恶缘逆境是修身的机会。贫穷却能怡然自得，必要有“贫贱不能移”的气节，也得有“斯是陋室，唯我德馨”的乐观精神。圣人处世，的确有常人难及之处。别人平白无故地找麻烦，平常人一定十分恼怒，若是气量狭小些的，更会以牙还牙。

贫穷本来就很难耐，有的人耐不住，便干起违法的勾当，甚至抛弃人格，公然媚世；子贡却要求自己“贫而无谄”，这便是能守。而子思更是难得，身在贫穷，却还能怡然自得、弹琴自娱，这就是能乐了。有如此的人格力量，就没有不能克服的困难。

第050则
——白云山岳为文章，黄花松柏是老师

【原文】

观朱霞[①]，悟其明丽；观白云，悟其卷舒；观山岳，悟其灵动；观河海，悟其浩瀚（hàn）[②]，则俯仰间皆文章也。对绿竹得其虚心；对黄华[③]得其晚节[④]；对松柏得其本性；对芝兰得其幽芳，则游览处皆师友也。

【注释】

①朱霞：红色的霞彩。

②浩瀚（hàn）：水浪广大的样子。

③黄华：菊花。

④晚节：菊经霜犹茂，以喻人之晚年节操清亮。

【译文】

观赏红霞时，领悟它明亮灿烂的璀璨生命；观赏白云时，欣赏它卷舒自如的曼妙姿态；观赏山岳时，体认它空灵奇伟的气概；观看大海时，领悟到它的浩瀚无际。因此，用心体会，俯仰天地，皆是好文章。面对绿竹时，能学习到待人应虚心有礼；面对菊花时，能学习到处乱世当有高风亮节；面对松柏时，明了处逆境应有坚韧不拔之气度；面对芝兰香草时，通晓人的品格应芬芳幽远。那么，在游玩观赏之际，处处皆是良师益友。

【解析】

从《诗经》始，人们于口舌吟唱之际，就善于以“大自然”作为“比兴”的对象，形象生动地抒发内心的情感。此篇主要在告诉我们应“用心看”，天地之间的一草一木，白云山岳，都值得我们效法。明丽的彩霞启示我们，每一个人都应该尽力展现自己最美好的灿烂的生命。舒卷的白云提醒我们，生命也有舒展卷藏的时候，应当有为有守。而灵奇的山岳与浩瀚的河海，均足以拓展我们的心胸，使我们迈向更广阔的人生境界，不必要在一些微不足道的小事上拘泥打转。美好的东西之所以口耳相传到今天，莫不是与人们鲜活生活场景息息相关的。于是乎，俯仰之间，皆有生发，观落日夕晖也好，赏沧海奇山也罢，无不是把情感“投射”于自然景物，汲浩浩汤汤之精粹，抒己海阔天空之理想。这是人类共同的天性，于自然处见崇高，于灵动处悟玄妙，试问俯仰之间，何处不文章呢？

古人格物可以致知，我们虽不致如此，然而日常生活中多留心，便可发现“好鸟枝头亦朋友，落花水面皆文章”，天地间无处不在的盎然生趣与道理。“万物静观皆自得，四时佳兴与人同”，天地万物无不蕴含至理。大自然给了人们丰富的物质财富和精神财富。人们从自然之中得到启示，懂得了许多人生哲理，形成许多为人处世的方法。自然用心体会，一草一木，一山一水，都有人类可以效仿的哲理。

第051则
——行善人乐我亦乐，奸谋使坏徒自坏

【原文】

行善济人，人遂得以安全，即在我亦为快意①；

逞奸谋事，事难必其稳便，可惜他徒自坏心。

【注释】

①快意：心中十分愉快。

【译文】

做好事帮助他人，他人因此而得以保全，自己也会感到心情愉快；施展奸计去图谋不轨，事情也未必就能稳当便利，只可惜他奸计不成，徒有一副坏心肠。

【解析】

清朝江宁府张某前往江宁收债，黎明城门未开，只得市场屋檐下闭目休息，城门开，急忙之下忘记金银褡裢。出城一里多，顿悟，回寻却不知去向。他愁眉紧锁，此时，一老者来问，张某如实告知。于是，老人把张某邀入家中，对号核实后原物奉还。张某感动而泣，愿以银谢。老人笑拒。张某继续渡江。突江风大作，江中渡舟几多倾覆，溺水者无算。张某恻隐之心油然而生，拿出自己的银锭为报酬，让江边的救生者操舟前往营救，获救者都来感谢张某救命之恩，并互通姓名。

被救人中，有一江宁府少年，正是老人之子，吃惊之间，张某把此奇遇告知了现场的人，听到的人都叹事出奇巧，感天理昭彰。后两家彼此感恩结为姻亲。

江宁老人见财不昧、行善无求，既解了张某的困顿，又在张某心中种下了行善济人之种，也奠定了儿子得救的机缘。假如老人见财昧心，张某也可能因丢失巨财而落魄，自然也没有后来的江边救人之举，老人的儿子也会溺水而死！

这个故事形象昭示着："行善无求，启他人善心，济人间自济；若有奸心，积恶缘轮回，事事难稳便。"所以，世人感世风日下之际，倒不如行善于微行，种福田于未来，这样方可"人安全，我快意"。行善之事易，谋恶之事难；因为行善在己，谋恶事却必须靠客观环境的配合。施善于人，每个人都乐于接受；算计别人，别人当然要防范了。所以说善事易为，恶事难成。更何况为善最乐，见到自己帮助的人能够安乐的过日子，这种喜悦，也能带给自己莫大的安慰，因此，为善对己对人，皆有益处。反之，整日想着那些害人的点子，为达目的，不择手段，不但难以如愿，即使成功，他人心怀怨恨，一定也会报复，真是害人害己。更可悲的是图谋不成，反而招来无数谩骂，真是何苦来哉！

第052则
——吉凶可以鉴别，细微一定要防

【原文】

不镜于水①，而镜于人，则吉凶可鉴也；

不蹶（jué）②于山，而蹶于垤（dié）③，则细微宜防也。

【注释】

①镜于水：以水为镜。

②蹶（jué）：跌倒。

③垤（dié）：小土堆。

【译文】

如果不以水为镜，而以人为镜来反照自己的话，那么许多事情的吉凶祸福便可以明白了，在高山上不易跌倒，而在小土堆上却易跌倒，由此可知，越是细微之事越要谨慎提防。

【解析】

《墨子·非攻》中最早见此语，“君子不镜于水而镜于人。镜于水，见面之容；镜于人，则知吉与凶”。这与一代明君唐太宗的“以人为镜，可以明得失”互为呼应和补充。唐太宗曾言：“以古为鉴，可以知兴替；以铜为鉴，可以整衣冠；以人为鉴，可以知得失。”古人若没有铜鉴，往往临水自照，其作用与铜镜一般，不过这只能照人的表面而已。如果以人为镜，就不只如此了。所谓以人为镜，就是拿他人行为的得失，来作为自己的借鉴；以别人行事的经验，来考量自己的成败。譬如说，他人因骄傲而失败时，如果反省自己有这种行为，就知道自己也可能会因此而失败，便能警惕自己，不可犯同样的错误。见到他人有佳言懿行，同样能效法他，因而能提高自己。我们不是也常说，朋友就是一面镜子吗？所以，善于观察人的人，常可论断吉凶，并非他真有什么奇术，而是他根据众人行为的结果，掌握了人事的变化。因此，我们若能以他人的行为经验，作为自己的借鉴，自然便懂得趋吉避凶之道了。

我们爬山时，知道山形险峻，就会格外小心；而走在平地上，没有了那种戒心，往往会被路旁的小土堆绊倒。这虽是人之常情，却应时时提醒自己：人总在疏忽之处失败。所谓“善泳者多溺于水”，并不是泳技退步了，而是因为自恃艺高胆大，忽略了许多预防措施的缘故。对很多事情，我们都要抱着“防微杜渐”的态度，愈是不引人注意的地方，愈要加以提防，才不会造成更大的损失。我们也常常发现，困难的事能够达成，而看起来很简单的事却容易失败，这完全在于用心与否。因为对前者我们全力以赴，自然能成功；对后者却掉以轻心，结果就失败了。

第053则
——谨守规模无大错，但足衣食是小康

【原文】

凡事谨守规模①，必不大错；

一生但足衣食，便称小康。

【注释】

①规模：原有的法度；一定的规则与模式。

【译文】

凡事只要谨慎地守着一定的规则与模式，总不至于出什么大的差错；一辈子只要衣食无忧，便可算是安逸自足的“小康”家境了。

【解析】

“谨守规模”与“但足衣食”与其说是一种生活信条，不如说是一种理应秉持的理性与豁达心态，并且这一心态下，统摄了“不良欲望的克制与规制”这样一个深层的命题。这里讲的是一种守成之道，自足之道。任何已经创办的事业，必然有其一定的规模与法则可遵循，但是，时日一旦久长，或传与后代，后人多不明白先人建立这些制度的苦心。

首先要明晰的是，处事的“规模”不是随心而定，而是要恪守客观规律的制约，在不违背历史发展规律的前提下，才能积极发挥自身的主观能动性。当然，“谨守规模”同“不晓变通”完全是两个概念，前者是遵循事物发展的规律而谨慎发展，后者却是教条与保守的代名词。

人类之所以经常犯“鼓足了劲儿吹气球直至爆破”的错，无外乎是“欲望”与“无知”在作祟。膨胀的贪欲让人昏昏然胆大包天地无限扩张，丝毫不谨慎思考是否符合当前事物的成长规律，并且愚昧地“拆了东墙补西墙”般地暂且支撑，最后到了无法收场之际，方不了了之。这种

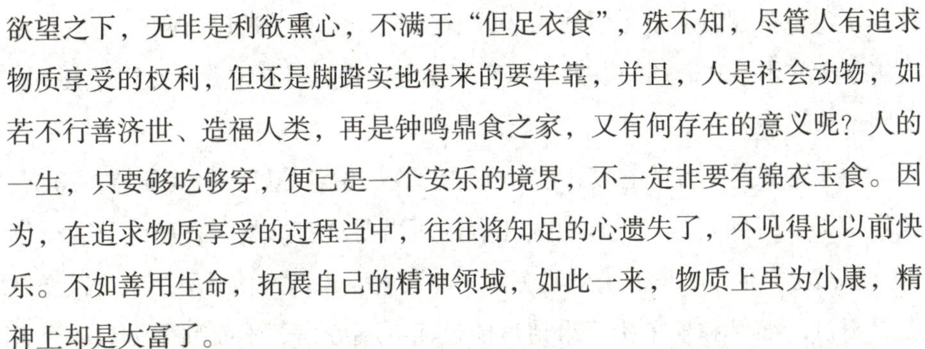

欲望之下，无非是利欲熏心，不满于“但足衣食”，殊不知，尽管人有追求物质享受的权利，但还是脚踏实地得来的要牢靠，并且，人是社会动物，如若不行善济世、造福人类，再是钟鸣鼎食之家，又有何存在的意义呢？人的一生，只要够吃够穿，便已是一个安乐的境界，不一定非要有锦衣玉食。因为，在追求物质享受的过程当中，往往将知足的心遗失了，不见得比以前快乐。不如善用生命，拓展自己的精神领域，如此一来，物质上虽为小康，精神上却是大富了。

第054则
——休争一时闲气，获得处事良方

【原文】

十分不耐烦①，乃为人大病；

一味学吃亏，是处事良方。

【注释】

①不耐烦：不能忍耐烦琐之事。

【译文】

对人对事不能忍受麻烦，是做人的最大缺点；凡事都能抱着宁可吃亏的态度，便是处理事情的好方法。

【解析】

为人处世，“十分不耐烦，唯恐自己吃亏占下风”者可谓俯拾皆是。回溯一下老祖宗的古训：“故天将降大任于斯人也，必先苦其心志，劳其筋骨……”之言，也许对今人有所启迪，然“舜发于吠亩之中，傅说举于版筑之中，胶鬲举于鱼盐之中，管夷吾举于士，孙叔敖举于海，百里奚举于市”，普通人如你我，又有何资本“不耐烦”于生活琐事呢？看来只有内心警觉、性格坚定、孜孜以求于当下的人，方不至于“小不忍则乱大谋”。所以，任何事总有它困难和麻烦的地方，不可能完全让我们顺心遂意，要能克服现有的困难和麻烦，方能成功。

做人要常抱吃亏的态度，这并不是教我们姑息养奸，因为做许多事情，大家未必能得到利益，也许有人比自己更需要这些好处，自己吃亏成全别人，不是也挺值得的吗？有些人喜欢占小便宜，说起来他也不是大奸巨恶之徒，不过，如果和他争论，事情可能反而办不好，倒不如顾全大局，个人的一些小利害，也就不要太计较了。古人不是说吗？吃亏就是占便宜。事实上，我们要争的不是个人，而是团体；要争的是义理，而非利害。有谁因为争一时的利害，而能得到千秋万世之名呢？

第055则
——读书自有乐，为善不图名

【原文】

习读书之业，便当知读书之乐；

存为善之心，不必邀①为善之名。

【注释】

①邀：求得，希求。

【译文】

把读书当作终生事业的人，就该懂得从读书中得到乐趣；抱着做善事之心的人，不必希求得到“乐善好施”的名声。

【解析】

为何读书拿大抵有“为仕途谋”“附庸风雅”“拓其耳目”等之说？然而，真正的读书之乐，并非是科举取士的笑傲江湖，也并非是装点风雅的幌

子，当然，开拓其“耳目”也只是读书抵达的“第一层意境”。真正的读书之乐，是一种超越于现实功利的“顿悟”与“谐趣”，乐在其中，又超脱其外，不止于“黄金屋”“千钟粟”与“颜如玉”，更在于“神游书外”的豁然与意境，通达间纵横捭阖，淡然间惊鸿翩翩。

在我国科举时代，读书人“十年寒窗无人问，一朝成名天下知”，这是把读书当作求取功名的进阶，但能一举成名的毕竟不多，一辈子“怀才不遇”的比比皆是。现在许多为升学而读书的莘莘学子，就是如此。读书对他们来说，不是乐趣，而是压力、痛苦。有人一挤进大学的窄门，那些教科书也就称斤论两地卖了。当然，这还关系着整个教育的大问题，我们姑且不论。总之，要由读书得到快乐，不妨将读书当作一件适性的事，才是读书的真正乐趣。就算读了一辈子书，还是以读书为乐，因为那是一种享受。

第056则
——知昨日之非，取世人之长

【原文】

知往日所行之非①，则学日进矣；

见世人可取者多，则德日进矣。

【注释】

①非：不是之处。

【译文】

知道自己过去有做得不对的地方，那么学问就能日渐长进；看到他人有很多可学习的地方，那么自己的德行也必定能逐日增进。

【解析】

周处，东吴吴郡人，都阳太守周妨之子，年少时纵情肆欲，为祸乡里，

被视为一祸。当时，义兴河中有蛟龙，山中有白虎，义兴百姓称他们为“三祸”。有人劝周处去杀猛虎和蛟龙，实则希望三祸相残只剩一个。周处杀死老虎后，又下河斩龙，搏斗三天三夜，当地百姓都认为周处已死，击掌庆贺。结果，周处杀蛟而水中复出，闻此事方知大家视之为“祸”，遂有悔意，于是，便到吴郡去找陆机和陆云两位有道之人，见陆云言“自己想要归正，可岁月已荒废，怕无成就”。陆云道：“古人珍视道义。”认为“哪怕是早晨明白了道理，晚上就死去也甘愿”。周处听后，改过自新，终成一名忠臣。

人贵知道自己的过失，而在发觉自己的过失当中必然有所觉悟，有所进步。只有汲取失败教训的人，才能再向前迈步。这里的“学”并不专指书本里的“学问”，更可看成人生的学问。回顾过去，是为了让自己更能充实现在，策励未来，而不是因此自怨自艾，停止了前进的脚步。人最怕的是故步自封，那么他永远画地自限，怎么可能会进步？学问常是在一种“觉今是而昨非”的心情下更上一层楼的。如果有这种感觉，能清楚地看见自己的过错，就表示自己也在进步了。“昨天非而今日进”，扼腕沉思之余，方觉岁晚不足惜，看来“学得世人可取处，练就贤良德高人”才是当务之急啊！

第057则 ——敬人即是敬己，靠己胜于靠人

【原文】

敬[①]他人，即是敬自己；

靠自己，胜于靠他人。

【注释】

①敬：尊重。

【译文】

敬重他人，便是敬重自己；依赖他人，倒不如靠自己。

【解析】

所谓“敬人者人恒敬之”，你若对他人不尊重，他人自不会尊重你，“礼尚往来”嘛！尊重他人，并不是要阿谀奉承，而是以礼相待。要想博得他人的敬重，首要的不是身居高位，也不是财大气粗，而是恭敬克制地对待他人。每个人都需要一种存在感，这种存在感仅仅凭借权位物质的丰裕是不能填补的，这是人类这一灵长类动物的共通之处，所以，即便是位高权重，如果得不到他人精神上的“重视”与“尊重”，依然犹如有一个巨大的“空洞”在吞噬内心，空虚不已，这其实是一种人类“集体潜意识”中的高尚情操使然。“敬人者人恒敬之”这才是千古不灭的道理。

靠他人不如靠自己，因为靠他人做事，就要仰人鼻息；另外，既是你的事情，他人也不会好好帮你做事，就算他不做，你也没有办法；如果做了，你还欠他一份人情。由此看到，靠他人做事，无论是不是至亲好友，总不太好；弄得不好，还要伤感情。许多事，除非是万不得已，能自己做的，还是尽量靠自己，一方面是克服困难，增长能力；另一方面也免于亏欠人情。有句俗语说得很好：“靠山山会倒，靠人人会跑，靠自己最好。”可不是吗？

第058则
——学长者待人之道，识君子修己之功

【原文】

见人善行，多方赞成；见人过举①，多方提醒，此长者待人之道也。

闻人誉（yù）言②，加意奋勉；闻人谤语，加意警惕，此君子修己之功也。

【注释】

①过举：错误的行为。

②誉（yù）言：赞美的言语。

【译文】

看到他人有良善的行为，多多地去赞扬；看到他人有过失的行为，多多地去提醒，这是长者待人处世的道理。听到他人对自己有赞美的言语，就更加勤奋勉励；听到他人有诽谤自己的话，就要更加留意自己的言行，这是有道德的人修养自己的功夫。

【解析】

目睹他人行善，能够及时给予赞扬与勉励，使好的行为因此得到褒扬而盛行。当他们看到别人有过失的时候，不会暗暗讥讽和落井下石，而是及时循循善诱地指出来，帮助失足者加以改进。这是谦谦长者的风范，是历朝历代、古今中外倡导弘扬的社会道德观。

为人长者，应该有足以令人仰望的风范。后辈在长者面前，方能屈意承教，因此，在看到他人有善行的时候，应该多方面去赞美他，帮助他。一方面乐于见人为善，另一方面借此教导后辈，也能力行善事。另外，见到他人有不好的行为，则多方面去提醒他，规劝他。一方面是助人改过，另一方面也可以警戒后辈，不要重蹈覆辙。因此，为人长者并不容易，不但要智慧与年龄俱进，更要负起教育后辈的责任。否则，马齿徒增，岂不愧煞自己？而为老不尊，恐怕也会被人讥为“老而不死，是为贼”，又有什么资格为人长者呢?

这些谦谦君子在自身修行方面，也是虚怀若谷般高洁。他们“闻过则喜”，不会迁就于人，同样也不会因为褒奖而沾沾自喜、故步自封。时人常觉“谤语”刺耳，或拘谨，或暴躁，或回击，但真正修身养性之人却会从中识别局面，识得忠良，并更加注意自己的言行。

加紧奋勉。因为，唯恐他人过于赞美自己，而有名不副实的嫌疑，更怕听到那些赞美的人不以为然，反而认为别人在欺骗他，岂不是辜负赞美自己的人？所以只有更谨慎小心，不敢因此而得意忘形。至于听到他人毁谤自己的言语，便赶快自我反省一番，看自己是否真有什么地方做错，或是得罪了人，若是没有，才敢放心。一方面是怕自己有过失而不知道；另一方面怕对方是喜欢诬陷的小人，自己若一时疏忽，真有过失，那么，以后小人再诬陷自己时，别人就更相信了。所以君子在遭受毁谤的时候，一定更加戒惧，避免犯错，一来是为自己，二来也是为别人。至于一般人，早就暴跳如雷地找对方理论了，不管谁是谁非，总要对方道歉才能了事。

第059则
——奢侈悭吝俱可败家，庸愚精明都能覆事

【原文】

奢侈足以败家，悭（qiān）吝①亦足以败家。奢侈之败家，犹出常情；而悭吝之败家，必遭奇祸。

庸愚足以覆事，精明亦足以覆事。庸愚之覆事，犹为小咎（jiù）②；而精明之覆事③，必见大凶。

【注释】

①悭（qiān）吝：吝啬。

②小咎（jiù）：小过错。

③覆事：败坏事情。

【译文】

奢靡浪费足以使家道颓败，吝啬也一样会使家道颓败。奢侈而败家，有常理可循且可预见；而吝啬的败家，却常常遭受意想不到的灾祸。平庸愚笨足以使事情失败，而太过精明也足以使事情失败。平庸愚笨的人坏事，只是个小过失；精明的人坏事，情形就很严重了。

【解析】

李商隐曾于《咏史》中呼吁过“历览前贤国与家，成由勤俭败由奢”，看来“大到国家，小到小家”，奢靡败家都吻合事物“穷奢必反”的规律，也切合人们的思维习惯，因为“破”是由奢侈逐步完成的。只是，“悭吝败家”鲜有人过问且深思，其实古人早已说过“悭吝揩财，必生败家之子”，尽管此话不尽翔实，但的确也说明吝啬之人的心智容易被“物利”所蒙蔽，斤斤计较，丧失了做人的本分。我们翻开报纸社会版，时常可看到一些杀人凶案，只要是因钱财杀人的，若非谋财害命，就是在钱财上分配不均，使得别人萌生杀念。推究这些原因，无非是一个悭吝的心在作祟罢了。他人费了心血，而你却不给予相对的报偿，他人自然要忌恨在心，一天两天还可忍受，日久天长的，总有一天会爆发出来，到时就不可收拾了。悭吝的人，即使稍微发迹，也是恶缘缠身，一遭倾覆，就是奇祸、愚蠢之人，囿于能力不足，所以“覆事”也皆小事，倒是精明强干之辈，野心勃勃，一旦倾覆，就会酿成大祸。因此，精明的人处事，尤其要小心翼翼，不可丝毫疏忽。太过聪明的人往往锋芒毕露，容易遭人陷害，像杨修被曹操所杀，就是因过于精明而招致杀身之祸的例子。这又何尝不是“大凶”呢？

第060则
——安分守成，不入下流

【原文】

种田人，改习尘市①生涯，定为败路；

读书人，干与衙门词讼（sòng）②，便入下流③。

【注释】

①尘市：本意为城镇，此处泛指市场上的商业行为。

②词讼（sòng）：官府的诉讼事务。

③下流：品格低下。

【译文】

种田的人，一旦改行做生意，就肯定会失败；读书人，若参与专门替人打官司之事，品格便日趋下流了。

【解析】

人各有天赋侧重，生活的际遇往往也会让人生的路途充满了多变性，且正因生活的“曲径通幽”处，才使得人生的道理多彩多姿，充满着无限的可能。在现在的开放性社会环境下，人们有多种渠道和机会尝试新的行当，激发自己的各种潜能。条文中所言“种田人改习尘市，定为败路”，仅仅在一定的历史条件或者环境中奏效，且此种“改习”一般是为了利益所驱使而“易其道”从之，这岂有不败之理呢？

在过去的农业社会，只要家里有一亩田，总还可以衣食无缺，不同于商场的钻营，得失差别甚大。一个种田的，一不明商场利害；二不解人情世故；三没有社会关系，若不专心务农，而与人在商场上争名逐利，常是失败的居多，搞不好还要变卖祖产。何况商场的事情，起伏不定，也许今天身无长物，明朝却摇身一变而为暴发户，也有人投资做生意，以致血本无归，这不是质朴的种田人所能明了的，不能“知己知彼”，怎么可能在商场上立足呢？不如守着一亩方田，春耕、夏耘、秋收、冬藏，淡泊名利，如此反而能守成。何必以“世代不竭之食”，换取“商家一日之富”呢？

读书人讲的是“明是非”“辨义理”，而衙门讼师则是以犀利的言辞，巧辩的口舌，为人争取胜诉。因“拿人钱财，替人消灾”，所以并不分辨是非黑白，只是卖弄口舌，图取利益。这些均有违圣贤之教，所以作者认为这不是读书人该做的事，读书人应当知道如何恪守自己的节操，去感化众人，进而使民无争才对。怎么可以把他人的争执，当作“生财之道”呢？不过，这句话也是有其时代背景的，现今的“律师”，哪一个不是高级知识分子？只要能本着公平公正的态度，去论断是非，排难解纷，何尝对社会大众没有裨益？

第061则
——物质享受要知足，德业追求无止境

【原文】

常思某人境界①不及我，某人命运不及我，则可以自足矣；

常思某人德业胜于我，某人学问胜于我，则可以自惭矣。

【注释】

①境界：境遇，处境。

【译文】

常想到有些人的境遇不如自己，也有些人的命运不如自己，就应该知足；常想到某些人的功德和事业比我高尚，某些人的学问也比我渊博，就应该感到惭愧。

【解析】

一个人应该自足于什么？常思他人境遇和命运不如淡泊戒躁；应该惭愧于什么？看到他人品行与学问高于自己而自惭形秽。“君子谋道不谋食，君子忧道不忧贫。”一个君子，应该修身治学，天下苍生为关注点。知足当长乐，应该心怀感恩，对万物怀有敬畏悲悯之情。我们经常劝人“知足常乐”，而自己就不能这么想吗？珍惜自己所拥有的，才是快乐的泉源。人生有许多事情应当知足，又有许多事情不该知足。追求物质的环境，十分累人，欲望的深渊，也永远无法填满，如果一定要满足欲望才能快乐，那么可能要劳苦一生了。“比上不足，比下有余”，想想那些环境比自己差的人，一样在努力地生活着，而且比自己还认真、愉快。自己拥有的比他还多，应当更知足才是，何苦置身于物欲的洪流中呢？命运更不是人力所能控制，在感慨自己命运多舛之时，不妨看看那些生而失怙、长而失学或肢体残废的人，就会觉得自己实在很幸运了。

学问应该要抱着“不知足”的态度。品德学问，完全操之在我，不同于命运；也不像财富只能满足一时的欲望。它能满足我们的心灵喜悦，能拓展我们生命的境界，同时也代表着我们的人格、知识。对学问道德“不知足”，才能鞭策自己追求更高的领域，如此一来，我们的生活会更丰富、更有意义。

第062则
——富贵效法公子荆，忠臣义士舍财命

【原文】

读《论语》公子荆[①]一章，富者可以为法；

读《论语》齐景公[②]一章，贫者可以自兴[③]。

舍不得钱，不能为义士；

舍不得命，不能为忠臣。

【注释】

①公子荆：《论语·子路篇》：“子谓卫公子荆善居室，始有，曰：‘苟合矣！’少有，曰：‘苟完矣！’富有，曰：‘敬美矣！’”孔赞美卫公子荆，不但知足，而且善于治理家产。

②齐景公：《论语·季氏篇》：“齐景公有马千匹，死之日，民无德而称焉，伯夷叔齐饿于首阳之下，民到于今称之。”

③自兴：自我奋勉。

【译文】

读《论语·子路》公子荆那一部分，可以让富有的人效法；读《论语·季氏》有关齐景公那一部分，贫穷的人可以为之奋发。如果舍不得金钱，不可能成为义士；舍不得性命，就不可能成为忠臣。

【解析】

公子荆之所以受到孔夫子的赞美，是由于他不以自己的财富多寡而忽喜忽悲，对贫富持“淡定”的态度。这一“淡定”，透射的是自己良好的心理状态，以及对世事的洞悉豁达，与今天某些人对财富的追捧与大喜大悲看待财富得失、形成了鲜明的对比。公子荆善于治理家产，最初并没有什么财富，但他却说：“尚称够用！”稍有财富时就说：“可称完备了！”到了富有时，他说：“可称完美无缺了！”

在这段由贫至富的过程中，他不断地致力生产，并抱着知足的态度，所以贫能安贫，富能安富，始终保持心境上的裕如。齐景公养马千匹，死了以后并没有值得百姓称赞的美德；伯夷叔齐不肯食用周粟，最后饿死在首阳山，而人民却争相称道。可见得一个人“富有”或“贫穷”，不在财富，而在道德。其实，读公子荆一章，富者可以取法，贫者也可以取法。阅齐景公一章，贫者可以奋勉，富者也可以自惕。假使伯夷叔齐爱财，接受周赐予的厚禄，终究不能成为义士。如果伯夷叔齐惜命，也一定不肯饿死在首阳山上了。古时的忠臣义士，正是孟子口中“富贵不能淫，贫贱不能移，威武不能屈”的大丈夫！

第063则
——富贵必要谦恭　衣禄务需俭致

【原文】

富贵易生祸端，必忠厚谦恭，才无大患①；

衣禄（lù）②原有定数，必节俭简省，乃可久延③。

【注释】

①大患：大祸害。

②衣禄（lù）：指一个人的福禄。

③久延：长久之意。

【译文】

财富与显贵，都容易招来祸害，一定要忠诚宽厚地待人，谦虚恭敬地自处，这样才不会发生灾祸；一个人一辈子的福禄都有定数，一定要节用俭省，才能使福禄延续得长久一些。

【解析】

富贵易逝，忠良长存。明代杨慎在《二十一史》弹词第三章《说秦汉》开场词《临江仙》里吟咏："滚滚长江东逝水，浪花淘尽英雄。是非成败转头空。青山依旧在，几度夕阳红。"即是这种历史更迭的咏叹调。无独有偶，刘禹锡的《乌衣巷》"朱雀桥边野草花，乌衣巷内夕阳斜。旧时王谢堂前燕，飞入寻常百姓家"。亦是凭吊东晋时秦淮河上朱雀桥和南岸的乌衣巷的繁华鼎盛，而今野草丛生，荒凉残照，以此感慨沧海桑田，人生多变：燕子仍入此堂，王谢零落，已化作寻常百姓矣。

由此发端，历史上由骄奢富贵转入"大患"的高门贵族也实在不在少数，明代严嵩父子、清代的和珅可谓是代表，他们穷奢极欲、夸富斗气，最后落得个身败名裂的下场。历史上，忠厚谦恭的正面典型亦有，言此当属光武帝刘秀的舅舅樊宏，他为人谨慎勤勉，谦恭有度，最终颐养天年且为人拥戴。

天理昭昭，一切皆有定数，这是自然的规律。如果一个人奢靡浪费，那么福禄自然就"千金散尽还复来"。这是因为节俭有度之人，对人对物有着一种敬畏之心能够审时度势，修身克己，丝毫也不会沦陷到败家的地步。

第064则
——善有善报，恶有恶报

【原文】

作善降祥，不善降殃，可见尘世之间，已分天堂地狱；

人同此心，心同此理，可知庸愚之辈，不隔圣域①贤关②。

【注释】

①圣域：圣人的思想境界。

②贤关：进入仕途之路径，此处指抵达贤德之人的品行境界。

【译文】

做好事得好报，做恶事得恶报，由此可见，在人世间便可以见到天堂与地狱的区别了；人的心是相同的，心中具有的理性也是相通的，由此可知，愚笨平庸的人并没有被拒绝在圣贤的境地之外。

【解析】

善恶的报应，往往不待来世。善有善报，合乎人情，恶有恶报，因其不能见容于社会国法。

一百多年前的某个下午，英国一个乡村田野的贫困农民不假思索、奋不顾身地跳入水中救了一名溺水的少年。后来，人们才知道这个获救的孩子是一个贵族公子，老贵族带着礼物登门感谢，农民却拒绝了这份厚礼。因为在他看来，救人是出于自己的良心，不能因为对方出身高贵就贪恋别人的财物。老贵族敬佩农民的善良与高尚，决定资助农民的儿子到伦敦去接受高等教育，农民接受了这份馈赠，多年后，农民的儿子从伦敦圣玛丽医学院毕业，品学兼优，被英国皇家授勋封爵，并获得1945年的诺贝尔医学奖。他就是亚历山大·弗莱明，青霉素的发明者、那名贵族公子在第二次世界大战期间患上了严重的肺炎，但依靠青霉素很快就痊愈了，他就是英国首相丘吉尔。农民与贵族，都在别人需要帮助的时候伸出了援手，却为他们自己的后代甚至国家播下了善种。人心与理性皆是相通的，向善的本性亦是相通的，所以，不能以愚笨平庸为由而拒绝修得贤良之境，其实我们人人都有成为圣贤之人的可能。

人都有向善的心，圣愚原无分别，只要有心为圣贤，便可以成圣人贤者。而平庸的人若自认愚笨，不求突破，终其一生也是庸愚之辈。例如近代的武训，没有受过什么教育，以行乞为生，却能努力兴学，成为人人尊崇的圣贤之人。如果能明白这一点，我们就更不能自暴自弃了，因为，只要奋发有为，一样能做到像尧、舜那样的圣贤人物。因此，孟子说："舜何人也？禹何人也？有为者亦若是。"正是勉励我们抛除自弃的心理，向圣人看齐。

第065则
——和平处世，正直居心

【原文】

和平处事，勿矫（jiǎo）俗①以为高；

正直居心，勿设机以为智。

【注释】

①矫（jiǎo）俗：故意违背习俗。

【译文】

为人处世要心平气和，不要故意违背习俗，自命清高、平日存心要公正刚直，不要设计机巧，直视聪明。

【解析】

有一句俗话讲的是"入乡要随俗"，这是因为乡风乡俗等，均是人们长期的生活过程中沉淀下来的。约定俗成的东西，一旦深入了民心，就会沉积到了民众的“集体潜意识”中，所以，过分地标新立异，恰恰是不成熟或者出乖露丑的表现。真正有修养之士，一定在为人处世方面是内敛的，并且尊重他人的习俗。我们要懂得随顺人情，所谓“入境随俗”，就是告诉我们要随和处世。做任何事总要合乎常理，才不会令人侧目。违背风俗以求取名声的人，无非是一些肤浅之徒，不但不清高，反而愚蠢得很，他们只是想引人注目而已，更不可能移风易俗了。因为，风俗虽因时因地而有不同，但是，可以为多数人遵从的风俗，必定是当地人所认可的，不会因一二人的怪异行为而改变。因此，本章告诫我们，不要矫俗于名。

真正的聪明人不以机巧为上，因为，他明白诚实及正直才是最可贵的品格，脚踏实地才是最稳当的处事方法。机巧只是显示一个人的小聪明罢了，并非大智。何况，无论怎么算计，怎么富于心机，又能算计别人多少？毕竟，“人算不如天算”。不如正直居心，不管走到哪里，都是一条平坦大道！

第066则
——君子以名教为乐，圣人以悲悯为心

【原文】

君子以名教①为乐，岂如嵇阮（jī ruǎn）②之逾闲③；

圣人以悲悯为心，不取沮溺（jǔ nì）④之忘世。

【注释】

①名教：人伦之教、圣人之教，濡教之别称。

②嵇阮（jī ruǎn）：指秘康，“阮”指阮籍，皆为“竹林七贤”之一。

③逾闲：指逾越规范，失于检点。

④沮溺（jǔ nì）：指长沮，“溺”指桀溺，均为春秋时避世的隐士。反对

经世济民。

【译文】

正人君子应该以钻研“圣人之教”为乐事，怎能像嵇康、阮籍那样逾越规条，心意放荡呢？圣人应该抱持悲天悯人的胸怀来关注民生疾苦，不能效法长沮、桀溺的避世独居，不理世事。

【解析】

嵇康、阮籍皆为竹林七贤之一。嵇康放浪形骸，常有抨击儒家的言论；而阮籍不拘礼俗，饮酒纵车，途穷而哭。两人皆不循世俗规范。孔子叫子路问路，遇到长沮、桀溺两个隐士。他们在乱世里独善其身，而且认为孔子之道不可行，不如避世自求多福。

“名教”观念，是儒教思想的重要组成部分，“名”即名分，“教”即教化，“名教”即通过上定名分来教化天下，以维护社会的伦理纲常、等级制度。这一观念始于孔子，他强调以等级启分教化社会，认为“为政首要”要正名，做到“君君、臣臣、父父、子子”。到魏晋时期，围绕“名教”与“自然”的关系，论辩纷呈；王弼揉老庄思想于儒，认为名教出于自然；嵇康提出了“越名教而任自然”的思想。

名教观念虽然有其历史局限性，也有其偏颇所在，但其“入世”与“济民”的思想内核无疑是积极有为的，所以，这一理念与嵇康之流的“竹林名士共倡玄学”背道而驰。嵇康信奉道教，注重养生，弹琴吟诗，向往出世的生活，并且生性豪放豁达，自由懒散，因此，不管是“逾闲”也好，还是“沮溺忘世”也好，均与积极入世相悖。

第067则
——勤俭安家久，孝悌家和谐

【原文】

纵子孙偷安[①]，其后必至耽酒色而败门庭[②]；

教子孙谋利，其后必至争赀（zī）财[③]而伤骨肉[④]。

【注释】

①偷安：不管将来，只求目前的安逸。

②败门庭：败坏家风。

③赀（zī）财：财产。

④骨肉：比喻至亲。

【译文】

放纵子孙只图取眼前的安逸，子孙以后一定会沉迷于酒色，败坏门庭；专门教子孙谋取利益，子孙今后一定会因争夺财产而彼此伤害骨肉亲情。

【解析】

国之本在家风建设，2017年全国两会期间，曹可凡随身携带着自己编写的家族史《蠡园惊梦》，呼吁大家都能写写自己家族的故事，或通过“一封家书”来传承家风。这一话题，引发多位代表、委员的热议，全国人大代表、广博控股集团董事长王利平则带来了一份建议，呼吁设立“家风教育日”。曹可凡说，中华传统文化历来高度重视家庭型社会，家庭稳定和谐就是社会稳定和谐，人们必须重归家庭型社会，注重“家风”“家训”“家史”，挖掘家庭文化内涵。中国人的家国情怀，之所以能绵延几千年，就是靠家教家风的陶冶和浸润。《增广贤文》有谆谆教人“兄弟和而家不分”之说，为何还有手足争夺财物而自伤骨肉呢？盖因“纵子孙偷安”“教子孙谋利”而起，尽管没有先人愿意自己的子孙后代败坏门风、兄弟阋墙，但有悖理义的教育方式，必会酿成如此苦果。

第068则
——忠厚足以兴业，勤俭足以兴家

【原文】

谨守父兄教条，沉实①谦恭，便是醇（chún）潜②子弟；

不改祖宗成法③，忠厚勤俭，定为悠久人家。

【注释】

①沉实：稳重笃实。

②醇（chún）潜：性情敦厚不浅薄。

③祖宗成法：祖宗所遗留下来的教训及做事的方法。

【译文】

谨慎地遵守父兄的教诲，笃实谦恭处事，就是敦厚子弟；不擅改祖宗留下来的教训和做人做事的方法，厚道俭朴地持家，家道就必定会历久不衰。

【解析】

“忠厚足以兴业，勤俭足以兴家”，家庭是品德的滋生地，也是品德的归依处。所谓“醇潜”子弟，用品无须奢华，以免沾染纨绔、生活杜绝慵懒，防止导致懈怠；结交不近小人，警惕受惑奸侵；谈话不涉淫邪，应虑诱致堕落：暗室切不欺心，恐惧遭受报应。俯仰古今，成就伟业者，莫不都能敦厚

持家，而败亡身家者，均因治家无方。

《易经》云“积善之家，必有馀庆”，而“积不善之家，必有馀殃”，在整个宋朝三百余年的历史上，三槐“王氏家族”熠熠生辉，该家族几乎代代有人在朝廷为官，他们秉持先祖忠恕仁厚的精神，牢记先祖的教诲，“为民者勤劳生产，艰苦奋斗；为官者廉洁自持，秉公正直”。故自宋以来，纵使人世沧桑千百年，而三槐王氏的后裔却绵延不息，先祖的德范历久弥醇。可见，祖宗的家法，多半是前人经验的累积，不可轻易毁弃。忠厚勤俭，是我们祖先用来教训后代的美德，以目前来看，仍然是教导子弟的好题目。忠厚足以兴业，勤俭足以兴家。能忠厚勤俭的人，一定能兴业积富，家道自然可历久而不衰了。

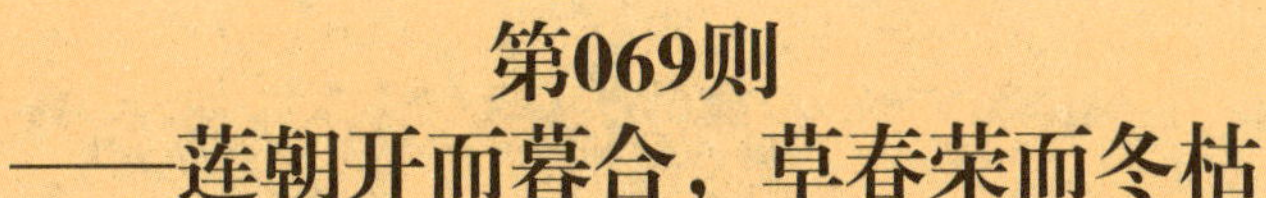

第069则
——莲朝开而暮合，草春荣而冬枯

【原文】

莲朝开而暮合，至不能合，则将落矣；富贵而无收敛意者，尚其鉴之①。草春荣而冬枯，至于极枯，则又生矣；困穷而有振兴志者，亦如是也。

【注释】

①尚其鉴之：希望能够引以为借鉴。

【译文】

莲花早晨开放到夜晚便合起来，到了不能再合之时，就是要凋落了，富贵而不知收敛的人，最好能够引以为借鉴。春天草木茂盛，到冬天就干枯了，等枯萎到极点时，又到了草木再度逢春之时了，身处困窘之境而想崛起的人，其实也应以这一点自勉。

【解析】

从自然中“体察”，我们将会发现宇宙无穷无尽的奥妙就蕴藉其中，大自然创造万物，却是谦卑无言的，它向人类昭示着“精微玄妙”的道理，待明慧之人去体悟，去顺应。看到莲花的朝开暮合，最后到不能合起而凋落时，就要明白，富贵而挥霍无度，不知谨守，最后只有衰败一途。富贵而能守成，才是真正的富贵之道。莲花的“朝开暮合”，实际上隐含着“物极必反”“势强必弱”的道理，而“冬枯之草春又勃发”则昭示着“守得微明见天日”的隐忍与坚守。草木春天发芽，冬天枯萎，这种枯后而复生，正是易经中“否极泰来”“剥极而复”的道理。我们常说：“斩草不除根，春风吹又生。”一株小草，只要它的“根”仍在，便是源源不绝的生机。人何尝不是如此？即使处于极度穷困的境遇，只要心存振兴的志向，不自暴自弃，总有重见天日的时候。只是，我们都太容易丧志了，稍不如意，便觉得生活毫无意义，甚至妄自菲薄。想活得生意盎然，就让我们的心充满“生机”吧！

一个柔弱者若了解自然的道理并顺应之，最后一定会抵达“天时地利人和”之境。

第070则
——自伐自矜必自伤，求仁求义求自身

【原文】

伐字从戈，矜字从矛，自伐自矜（jīn）①者，可为大戒；

仁字从人，义字从我，讲人讲义者，不必远求。

【注释】

①自伐自矜（jīn）：自我标榜，自我夸耀。

【译文】

伐字的右边是“戈”，矜字的左边是“矛”，两者都是有杀伤性的兵器，

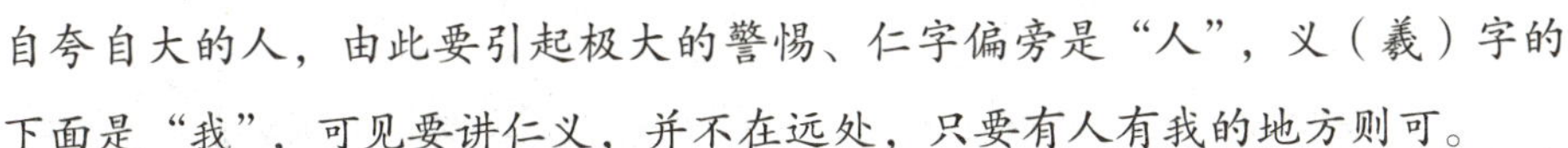
自夸自大的人，由此要引起极大的警惕、仁字偏旁是“人”，义（義）字的下面是“我”，可见要讲仁义，并不在远处，只要有人有我的地方则可。

【解析】

以儒家文化为主干的中国传统文化，把“礼乐精髓”植根于“仁义”的基础之上，这是孔子对中国文化最伟大的贡献。如果从社会学角度来评析，“仁”代表“人”的本义，意指人类与天地同步，协调、互惠、共生、共存。中国自古就有“以人（仁）为本”“仁者爱人”“仁者天地父母心”“仁者无敌于天下”等哲学理念。

在一般人看来，让自己拥有一颗“退让心”要比“了生脱死”更有意义的多。尝试在生活中换一种角度考虑问题，退一步，有时候是一种以退为进的策略，如果能够适时的以退为进的策略用于生活中，那么生活将会变得张弛有度，游刃有余，你便会得到“柳暗花明又一村”的释然。有时候，退一步，是为了更好前进，僵持的局面对大家都没有什么好处，在不违背自己原则的基础上，选择退让也就选择了人生的主动。因为这时候的你已经不再局限于眼前，而是着眼于未来。

第071则
——贫寒也须苦读书，富贵不可忘稼穑

【原文】

家纵贫寒，也须留读书种子；

人虽富贵，不可忘稼穑（jià sè）[①]艰辛。

【注释】

①稼穑（jià sè）：稼为种谷，墙为收成。泛指农事。

【译文】

即便是家境贫寒，也要让子孙读书；纵是富贵人家，也不要忘记耕种收获的艰辛。

【解析】

“贫寒也须苦读书，富贵不可忘稼穑”，自古以来，穷窘中奋发求学的典范不胜枚举，“囊萤映雪”“凿壁偷光”都是我们耳熟能详的故事。至于读书的目的，从来都不是为了仅仅求得“富贵”，之所以读书，是为了“读书知义”，在有限的时空与生命内，拓展视野，陶冶心性，书籍中承载的朝代兴衰、人际浮沉的经验和教训，会让读书人具备一种“沉潜”的气质。

康熙是大清入关后的第二个皇帝，他自幼就刻苦读书，每日竟达十余小时之多。及至青年时，经史子集便烂熟于胸中了。特别难得的是，他成年后，在治理国家的实践中，知道了自然科学的重要，便发愤地学习起自然科学来了，最终成为一位博学多才，大有作为的一代明君。

古人说：“天行健，君子以自强不息。”星云大师阐述：大自然中，四季轮流递嬗，行星运转不息，我们是大自然里的一分子，又何能遁逃于天地之间？而“止水易生虫，滚石不生苔”的现象，更说明了唯有将自己“动”起来，才能创造无限的活力；唯有精进不懈，才是顺应天心，安身立命之道。

“富贵”两字，也非偶然得之，一定

是历经“铺垫”修炼而就的，真正的富贵，不是骄矜，而是纯良不忘本。只是目前有一种狭隘的观点，认为“钱财丰盈即富贵”，这是一种谬见。其实，“富”与“贵”内涵不同，前者是物质上的，后者是精神上的，真正的贵族一定是具备文化教养与社会担当的，并且在灵魂的深处对万物有一种热忱的情怀，绝对不是“见农事而掩鼻走”。

第072则
——勤俭孕育廉洁，艰辛炼铸伟人

【原文】

俭可养廉，觉茅舍竹篱，自饶清趣；

静能生悟，即鸟啼花落，都是化机①。

一生快活皆庸（yōng）福②，万种艰辛出伟人。

【注释】

①化机：造化的生机。

②庸（yōng）福：平凡人的福分。

【译文】

勤俭可以修养一个人廉洁的品性，就算住在竹篱围绕的茅屋，也自得清幽雅趣；寂静中容易产生妙悟，即使鸟儿鸣啼花开花落，也都是造化的生机。一辈子快乐无愁，这只不过是平凡人的福分；经历万般艰辛，才能磨炼出一个伟人。

【解析】

“俭以养廉，俭以兴国”，这是历史大浪淘沙之后留下的宝贵经验。勤俭可以培养廉洁的品性，即使住在竹篱围绕的茅屋，也有它清新的乐趣。寂静易于领悟到天地间的道理，即使鸟鸣啼，花开花落，也都是造化的生机。一辈子过无忧无虑的日子，这只是常人的福分；经历千辛万苦，才能成就一个伟人。当年，美国记者斯诺在延安看到毛泽东等中共中央领导人吃的是粗糙的小米饭，穿的是用缴获的降落伞改制的背心，住的是简陋的窑洞，他感慨地称赞这是存在于共产党人身上的“东方魔力”，并断言这种力量是“兴国之光”。觉悟深远且成大器之人，必定能够抵御物质诱惑，与自然环境和谐互动，自得其乐，体悟苍生之浩渺与神圣。

人若过惯俭约的生活，就不会贪慕物质享受，自然不容易再为物质而改变心志，所以说俭可以养廉。其实，华服美食的生活，总不如竹篱茅舍的生活来得清闲自在，更接近自然。人心在纷争扰攘中，容易被五光十色所迷，无法酝酿出深刻的智慧。只有在心情宁静时，一方心湖澄澈清明，能照见天光云影与万物的生机，这时，即使是听一声鸟鸣，或是观赏一朵花的凋落，都能体会生命的至理。因为，这时花已非花，鸟亦非鸟，甚至自己，也未必是原先那个自己了。所谓“淡泊以明志，宁静以致远”，确实极有道理。

第073则
——给人方便即长者，虑事精详是能人

【原文】

济世虽乏赀（zī）财①，而存心方便②，即称长者；

生资虽少智慧，而虑事精详，即是能人。

【注释】

①赀（zī）财：财货。

②存心方便：处处便利他人。

【译文】

尽管没有金钱财货来接济世人，但只要处处留心给人方便，便可称之为

有德的长者；虽然天资不够聪颖，但考虑事情能够做到处处精细翔实，便是一个能人。

【解析】

接济他人不一定要用钱财，许多善事、好事，不用钱财也是可以做得很好的。有许多事，在他人可能要大费周章，而有些人可能只是举手之劳。只要处处留意，便可发现需要帮助的人很多，这些帮助，有时是不需要靠钱财的。所谓济世，不外乎就是自己经常存着方便他人的心。

人的资质有高下之分，所谓能人，并不是天赋甚高，而是在于“虑事精详”。有道是“愚者千虑，必有一得；智者千虑，必有一失”，这说明任何事物都是一分为二的，其中蕴含了一种朴素的辩证法思想，聪明之人不可能事事聪明，甚至因为自恃聪明而坏事，而貌似愚笨之人，却缜密详尽地处事，反而“四平八稳”“皆大欢喜”。俗语云“大勇若怯，大智若愚”，其实这种“不甚聪明不起眼儿”的人，往往低调而朴实，注重自身修为，厚积薄发，宁静致远，有海纳百川的沉潜心态，通过点滴的积累来夯实飞跃的基础。

第074则
——闲居常怀振卓心，交友多说切直话

【原文】

一室闲居，必常怀振卓心①，才有生气；

同人聚处，须多说切直话，方见古风②。

【注释】

①振卓心：振奋高远之心。

②古风：古代圣贤之人的风范。

【译文】

闲散居处时，一定要时常怀着策励振奋的心志，才能显出欣欣向荣的气象；和他人相处时，要多说实在而正直的话，这才有圣贤处世的风范。

【注释】

中国的隐士，当属“悠然见南山”的陶渊明，就像元曲里说的一样“尽道便休官，林下何曾见？至今寂寞彭泽县”，此外，“梅妻鹤子”之林逋，揽清风赏明月，尽管不屑于朝廷为官，依然满怀对生活的热情，居于杭州小孤山种梅养鹤，“水清浅处疏影横斜，月黄昏时暗香浮动。观庭前花开花落，看天外云卷云舒”，生机四溢，无限妙境。

古人交游多是“以文会友，以友辅仁”，一来能增广见闻，二来能修养品德。同“一室闲居”相映衬的，便是“同人聚处”。常言道“病从口入，祸从口出”，从一个人的言谈，便可识出一个人的涵养与修为，蜜语奉承，大言不惭等都是“自损其德”的表现。一个古风犹存的贤人，必定是言谈恳

切，娓娓得体间交流，不虚浮，不激切，委婉而赤诚，贴切而务实。这不是一种“觥筹交错”式的“花样架子”，而是一种“朴实无华，直通要隘”般的贤良风范。

第075则
——有才若无有德若虚，富贵生骄奢淫败俗

【原文】

观周公之不骄不吝①，有才何可自矜；

观颜子之若无若虚②，为学岂容自足。

门户之衰，总由于子孙之骄惰；

风俗之坏，多起于富贵之奢淫。

【注释】

①不骄不吝：不骄傲，不吝啬。

②若无若虚：有才能不显示，有德行不炫耀，有“虚怀若谷”之意。

【译文】

看周朝的圣人周公不因自己的才德而骄傲、鄙吝，有才之人哪里能自以为是呢；又看颜渊“有才若无，有德若虚”，求学问哪里可以自以为满足呢。一个家族的衰败，总是由于子孙的骄傲懒惰；而风俗的败坏，多是由于富贵后的过度奢侈和浮华。

【解析】

圣人周公，可谓是“多才多艺”，但是为人谦卑自省。因其“自省”才能“一饭三吐哺、一沐三握发，以求贤才”。如果一个人稍有才华，便自恃清高，那么，“既骄且吝”的作风一定会将其一切才艺淹没不见。能够克己复礼，便能不骄；能抱仁者之心，推己及人，便能不吝。这样的容人容物之心，发端于“仁爱”与“自省”，有了这两几点，大抵世人就不会骄纵自矜了。

孔子说："如有周公之才之美，使骄且吝，其余不足观也已！"而周公为武王之弟，周代的礼乐行政都由他订定，足见周公才华之美。由此可知，倘若有一个人，他的才华像周公一般美好，而为人却骄傲鄙吝，孔子说这个人在其他方面，也就没有什么可看之处了。为什么呢？因为，才能是用来服务人群、造福社会的，一个骄傲鄙吝的人，不但瞧不起别人，更是吝于贡献自己，再高的才华又有什么用呢？

颜渊是孔门弟子中德行最好的，孔子屡次称赞他，但是他却更为谦虚，更努力学习。我们现代人，论学问品性，有几个人能比得上当时的颜渊呢？然而，大部分的人稍有所得便扬扬得意，殊不知学问愈渊博的人，愈不敢自满，这是因为明白学海无涯的道理。而自满的人，又如何能拥有丰富的学识和品德呢？

一个家族的衰败，往往是由于不肖子孙骄横怠惰所致，因为骄横失德，怠惰失学，门风怎么可能不败呢？而社会风气的败坏，总因为有些人虽然富贵，却竞相奢靡浪费，把一个淳朴良善的社会，变成一个重财重色的大染缸。奢淫的祸害，实在太大了。那些对社会风气具有影响力的达官显贵，更应该谨慎行事才对。

第076则
——凝浩然正气，法古今完人

【原文】

孝子忠臣，是天地正气所钟①，鬼神亦为之呵护；
圣经贤传，乃古今命脉所系，人物悉赖以裁成②。

【注释】

①所钟：所汇集。

②裁成：裁剪修成。

【译文】

孝子和忠臣，都是天地之间的浩然正气凝聚而成，所以连鬼神都加以呵护圣贤的经书典籍，是从古至今维系社会人伦的命脉，所有的忠臣，孝子、贤人、志士等都是靠着效法圣贤而成为伟人的。

【解析】

文天祥正气歌有云："天地有正气，杂然赋流形，下则为河岳，上则为日星，于人曰浩然，沛乎塞苍冥。"所谓的忠臣孝子，他们之所以能为忠孝奋不顾身，就是因为他们心中有一股浩然正气，而这种浩然正气，本来每一个人都是具备的，只是他们能扩而充之为忠为孝。他们的那股正气，足以"惊天地，泣鬼神"。

古今智慧，于圣贤书中传承，所以，莫要轻薄举起"读书无用论"的大旗，读书无用，指的是囫囵吞枣、生搬硬套的教条迂腐式读法，书中的精华，其实是维系人类历史传承的命脉所在，伟人要"裁成"，又岂能少得了圣贤经典当中蕴含的至理呢？平民百姓也好，一介草莽也好，也只有在圣贤精神的感召与润泽下，才能在正道上慢慢地行进。文天祥说："读圣贤书，所学何事？而今而后，庶几无愧！"他为什么能无愧于天地呢？因为他能成仁取义。读书的道理就在这里。

第077则
——一生温饱而气昏志惰，几分饥寒则神紧骨坚

【原文】

饱暖人所共羡，然使享一生饱暖，而气昏志惰，岂足有为？

饥寒人所不甘，然必带几分饥寒，则神紧骨坚①，乃能任事。

【注释】

①神紧骨坚：精神抖擞，骨气坚强。

【译文】

人人都羡慕吃饱穿暖的生活。但是，就算一生都享尽物质饱暖的生活，而精神却昏昧怠惰，那又有什么作为呢？人人都不甘心忍受饥寒，但饥寒却能策励人的志气，使人精神抖擞，骨气坚强，这样才能担以重任。

【注释】

这里涉及一个当下流行的词汇“幸福指数”，那么，到底什么样的生活才算幸福，大概莫衷一是。美国心理学家马斯洛在《人类动机的理论》一书中提出了人类需求的“五个层次”：生理需要、安全需要、社交需要；尊重需要；自我实现需要。“需要层次论”认为，“需要”是人类内在的、天生的、下意识存在的，而且是按先后顺序发展的，满足了的需要不再是激励因素。

所以，人人共羡的“饱暖”，其实只处在需求层次论的较低层次，这也就诠释了很多人已经解决了“饱暖”但是依然不快乐的原因。人类的快乐，更多的是在饱暖的基础之上，发掘自己的价值，克服和超脱，然后实现身心的舒展与达成。整日昏昏然，志无所寄的样子，即使饱暖，这种“饱食终日”的日子又有什么作为和满足感呢？

人长久生活在饱暖的环境里，久了就不能吃苦。四体不勤的结果，使得志气堕落，雄心大志早被逸乐的日子，消磨得一干二净，这种人很难有作为。因为，志气是要有担待的，想成功就必须要有坚强的精神意志，在饱暖中浸泡得骨软志昏的人，是无法承担它的，长久的无所用心，已使他们失去应变与开拓的能力了。

而饥寒却足以激起人的精神，磨炼耐力。相信大部分人都有这种经验，在夏日炎炎时，人的精神容易昏沉嗜睡，而冬日气寒，却使人精神特别清醒。在苦境中，人容易被激发起斗志和潜力，也容易被环境训练得更能吃苦耐劳，这些都是成功所必备的条件。这样的人才能肩负重责，而不会像温室里的花朵，经不起风吹雨打。

第078则
——愁烦中具潇洒襟怀，暗昧处见光明世界

【原文】

愁烦中具潇洒襟怀①，满抱皆春风和气；

暗昧（mèi）②处见光明世界，此心即白日青天。

【注释】

①潇洒襟怀：豁达而无拘无束的胸怀。

②暗昧（mèi）：事实隐秘不显明。

【译文】

愁闷烦恼的处境里，要有豁达洒脱的情怀，那么，心情便能如徐徐春风般明媚；在昏暗浑浊的环境里，要能保持光明的心境，内心就能像青天白日般明亮无尘。

【解析】

人生的忧烦是常态，洒脱的浪漫主义诗人李白就曾经感叹过“抽刀断水水更流，举杯消愁愁更愁。人生在世不称意，明朝散发弄扁舟”，更何况我们凡人呢。所以，人生不得意事常在，需要的就是“明媚如春”的心境，如若修心，心亦明快，事亦顺心，这样，方不会像女词人李清照般的“凄凄切切”“才下眉头，却上心头”。

灭了“作茧自缚”这宗害，那么于逆境中坚守，便又是一番功夫了。俗语说“谁无暴风劲雨时，守得云开见月明”大抵就是这番境界了，于暗昧中保持内心的坦荡，坚信光明的前景，认清道路的曲折和螺旋上升性，不消极，不因环境的扑朔迷离而丧失信念！在绝望之地能有希望，在恶境之中能有勇气，这些都是人心潜在的力量；心是人类文明的开端，也是文明最后的据点。心的灭亡，才是真正的灭亡。

第079则
——装腔作势百为皆假，不切实际一事无成

【原文】

势利人装腔做调，都只在体面①上铺张，可知其百为皆假；

虚浮人指东画西，全不向身心内打算，定卜其一事无成。

【注释】

①体面：指“表面”上。

【译文】

势利的人喜欢装模作样，只知道在表面上铺张，由此可见其所作所为均为虚假；浮夸之人言不及义东拉西扯，完全不从自己的内心下功夫，可以断定其一事无成。

【解析】

“人”字一撇一捺，不偏不倚，寓意人之所谓人，正是重在人格的“堂堂正正”。如果为人歪斜不正，那便是虚假之人了，这类人表象虚浮，指东画西，一肚子私利与狭隘，哪里能干成件好事呢？一个徒具外表的人，他的内心是无法充实的。这些人和百货公司里穿着貂皮大衣的塑料人，并没有什么差别。还有许多不切实际的人，整天言语不休，说天道地，却没有一句是他做得来的。这种人不知道凡事须从自身做起的道理，也不肯花功夫埋头苦干，一事无成，是预料中的事。因此，一个肯忠实进取的人，才是最可敬佩的。

从俄国作家契诃夫笔下专横跋扈、见风使舵、阿谀奉承的奥楚蔑洛夫，到英国幽默作家萨克雷笔下凭借谄媚奉承、走小道钻后门的手段，跃跃欲试攀上高技的女主角夏普·夏泼、丽贝卡这些典型的“势利虚浮者”，其处心积虑的“攀爬史”，不过是后人眼中的“小丑”罢了。迟早要落得个“事事浮夸事事空，声色犬马无人忠”的境地！

第080则
——心胸坦荡，涵养正气

【原文】

不忮不求①，可想见光明境界；

勿忘勿助②，是形容涵养功夫。

【注释】

①不忮不求：不妒恨，不贪求。《诗经·邢风》云：“不忮不求，何用不藏。”意即：“一个人不陷害人，也不希求非分之财，这种人怎么会做出不好的事情来呢？”

②勿忘勿助：修养正气，既不要忘记逐渐聚集起来的道义力量，也不能急于求成。

【译文】

从一个人安贫知足，与世无争，不陷害别人，也不贪取钱财的态度，可以看到其心境光明；在涵养的功夫上，既不要忘记聚集道义以培养浩然正气，也不要因为正气不足而拔苗助长。

【解析】

孔子在《论语·子罕》篇中说子路为人慷慨尚义，子路穿着破旧的袍子，和穿了皮袍的富贵人站在一起时，他没有一点儿自卑感，丝毫不觉得自己不如别人，这种气魄不容易养成，必须要有真正的学问和气度才行。因此，孔子引用《诗经·邶风·雄雉》章中的两句话称赞子路，也告诉我们子路为什么能做到，就是这四个字：“不忮不求”。当下，很多人的痛苦恐怕就是来源于“强忮强求”，一方面，眼界狭窄见不得人好，心生怨怼不说，还一脑门子阴暗不堪，最终于事无补，只落得个“跳梁小丑”状。这种心态无异于原地焦灼自焚，哪里能显现出一丝“光明”气象呢。如此剖析开来，假使有了“不忮不求”的淡泊心境，那么，通向“光明境界”的路径便当属“涵养功夫”了。这一点，可以说是谋事的“方法论”。君子当以养浩然正气，所以，时时事事莫要忘记汇集正义之气，在“浩然之气”尚未积聚到“成事”

之际，也不能舍近求远、操之过急，而是要切合事情的客观规律，在谋求与修炼之中乐观以待、孜孜以求，否则的话，只会使得事情被扼杀于成长的过程，或者功亏一篑。由此看来，“不忮不求”是心态底线，而“勿忘勿助”则是求得“光明”之正途。

第081则
——求其理数亦难违，守其常变亦能御

【原文】

数[①]虽有定，而君子但求其理[②]，理既得，数亦难违；

变固宜防，而君子但守其常，常[③]无失，变亦能御。

【注释】

①数：运数、气数，泛指命运。

②理：合于万事万物的道理。

③常：常道。

【译文】

命运虽有定数，但君子只求所做的事合理，运数也不会违背理数；凡事虽然应该防止意外，守常道，只要常道不失，再多的变化也能防御。

【解析】

“求其理，数亦难违；守其常，变亦能御”，世事变幻莫测、扑朔迷离，有人惶恐于“命运劫数”，也有人觉得在“变”与“守”的对峙中实难抉择，其实，解决问题的关键就在于领悟两个字：常理。所谓“常理”，就是“天时地利人和”，就是不倒行逆施，就是尊重客观的规律与攻守有序、攻守有方。在美国，曾有一本畅销书《行事的常理》，作者艾尔伯特·哈伯德在书中收录了含《致加西亚的信》在内的数十篇励志经典短篇，来教会人们“以

常识做人，按常理行事”的道理。从这个意义上说，“理”大于“数”，“合乎理”能够统摄“数”的轮回；“常”驾驭“变”，万变不离其宗。

许多人相信“命运”是个定数。因此，有的人过于相信而不思努力，甚至坐以待毙的。事实上，天下的事情，一切依理而行，只不过有时显而易见，有时却隐晦不明。譬如一个杯子坠地，你若能及时用手接住，杯子便不会破碎，人的命运也是如此。有的看来似乎很难以转变，却又不尽然。无论显而易见或隐晦不明，总不说命为定数。所以君子做事，于人求人理，于事求事理，只要不悖理行事，命运的好坏就不值得忧虑了。

第082则
——和气致祥骄者必衰，从善者昌为恶者弃

【原文】

和为祥气，骄为衰气，相人者[1]不难以一望而知；

善是吉星，恶是凶星，推命者岂必因五行而定。

【注释】

①相人者：给人看相推测命运的人。

【译文】

平和是一种祥瑞之气，骄傲是一种衰败之气，看相的人不难一眼辨出；良善是吉星，恶毒是凶星，算命的人哪里需要根据五行来推断命运凶吉呢？

【解析】

我们常说：“和气致祥”，“和”字能化解多少干戈。生意人看重“和气生财”，因为“和”字能带给人们很多益处。一个人能常保中和之气，既不会遇刚而折，也不会太柔而屈；既不会遇骄而覆，也不会太虚而穷。能够常保这种“和气”，这当然是一种吉祥之气了。而骄傲的人即使富贵也不长久，

因为他盛气凌人，必定导致衰败，所以说“骄是衰气”。

论断一个人的吉凶，不必从五行去推断，只要看他行善或是为恶就知道了。因为行善的人必能得到拥戴，为恶的人必定遭人唾弃。因此，行善的人是吉星，为恶的人便是凶星，想推定吉凶，这就是一个很好的依据。

从心理学和生理学层面来看，面相的确反映着对应的身体与心理状态，一个心态平和，心怀善念的人，通常都天庭饱满、红光满面、神采奕奕。相反亦然，因为眼界即是心界，面相即为心相，这也是道家的“心念主导”观。一个工于心计，或郁郁不舒，或骄傲不逊之人，自然凡事另眼而观，无法如常人言笑，这种人向来人缘不好，蝇营狗苟之相，更何况那些一肚子蛇蝎心肠之人呢？

第083则
——人生不可安闲，日用必须简省

【原文】

人生不可安闲，有恒业，才足收放心①；

日用必须简省，杜奢端，即以昭（zhāo）②俭德。

【注释】

①收放心：收回放任的心思。

②昭（zhāo）：彰显。

【译文】

人活在世上不可闲逸度日，有了长久营生的事业，才能够将放任的本心收回；平常花费必须简单节省，杜绝奢侈的苗头，才可以彰显节俭的美德。

【解析】

一辈子宛如白驹过隙，多见无端庸碌者无病呻吟、蝇营狗苟地虚度，而少见心怀大志者。所以，“安逸闲置”并不能让内心满足和幸福，反而无端生事，心无定处；这种“闲”，不等于“人闲桂花落”之闲情逸致的“闲”，后者是一种思想境界，是“偷得浮生半日闲”的雅兴，是有“恒业”之余体验生活的妙悟。俄国作家契诃夫有一个说法十分形象，他说“蚜虫吃青草，锈吃钢铁，虚伪吃灵魂”，把人生比喻为青草、钢铁、灵魂，把安闲比作为蚜虫、铁锈、虚伪，故“人生不可安闲，倘安闲久矣，则人生无矣？”那么，秉持“弃闲而执恒业”的积极入世态度之余，日常就应提倡“简省主义”作风，凡事悯人悯物，杜绝奢靡浮华。很多人推行“极简主义”生活方式，认为欲望极简、物质极简，信息极简、表达极简、生活极简，并呼吁在有限的时间和精力内，专注追求最有意义的事情，从而获得心灵幸福与满足。其实，这种“简省”才是充盈的，是一种真正有序的生活方式。

孟子说：“学问之道无他，求其放心而已矣。”意思是说，做学问的主要目的，就是要把我们放逸逃失的本心收回来。孟子又说：“无恒产而有恒心者，惟士为能。”读书人不必要有长久营生的产业，却必须要有追求学问道德的恒心。而一般老百姓呢？当然就必须要有“恒产”了。人不能无所事事地过日子，安闲逸乐的日子过得太久，心也会丧失掉了。大人常常骂小孩：“心都给玩掉了！”就是这个道理。

第084则
——秤心斗胆成大功，铁面铜头真气节

【原文】

成大事功，全仗着秤心斗胆①；

有真气节，才算得铁面铜头②。

【注释】

①斗胆：比喻一个人意志坚定，胆识远大。

②铁面铜头：比喻一个人公正严明，不畏强权。

【译文】

能够成大事之人，真正有气节的人，完全靠着坚定的心志，以及远大的胆识，才可能铁面无私，不畏权势。

【解析】

成大事立大功，如果没有一颗如秤锤般坚定的心，那么，凡事都不能成功。古来的英雄烈士，哪一个不是凭着秤心斗胆，抛头颅、洒热血，为历史增添一页页可歌可泣的篇章？有真气节，才能不徇私，才能不畏权势。所谓铁面铜头，正是形容一个人不徇私、不畏恶的凛然作风。

孙子在《孙子·势篇》中阐述了“善弈者谋势，不善弈者谋子，善谋势者必成大事”的道理，人生恰如下棋，要成大事，必须“谋势”。所谓“势气”就是要具备“斗胆秤心”，心无偏倚，意志坚定，铮铮铁骨。谋势之人，善于辨势、预势、造势、乘势、借势、蓄势，力之所至，势如破竹。然而，仅仅局限于苟且谋事的人，看似东奔西跑，忙碌不堪，实则庸庸碌碌，疲于奔命；相反“成大事功”者，看似不显山露水，但的确身处“蓄势”的过程当中，量的积累将完成质的飞跃，终有一日“蔷薇”开，厚积薄发使然也。

第085则 ——责人先责己，信己亦信人

【原文】

但责己，不责人，此远怨①之道也；

但信己，不信人，此取败之由也。

【注释】

①远怨：远离怨恨。

【译文】

只责备自己，不责备他人，是远离怨恨的最好方法；只相信自己，不相信他人，是做事失败的主要缘由。

【解析】

责备别人并不容易，因为责备他人时，首先自己的立场要对。如何才能保证自己的立场对呢？大概便是要先自我反省一番了。即使自己做得对，要别人心悦诚服也不容易，因为每个人的立场不同，你认为对的，对方不见得赞同，因此，责备别人通常会招致怨恨。不如我们好好反求于己，先把自己端正好了，再要求别人。有的人一味责备别人，而自己却多行不义，就难怪别人要怨恨他了。话说回来，即使要“责人”，也要懂得“忠告善导”的道理。不过，作者在这里说的，还是重于“修己”，与其要求别人，不如要求自己的内省功夫。

没有人做事情永远不出差错的。有些人很有自信，这当然很好，可是，如果自信到不相信别人，就适得其反了。有时候，我们难免会犯这种错误：我们常说别人刚愎自用，自己又何尝不然？历史上不乏因刚愎自用而失败的

例子，以国势来说，大凡一个朝代能兴盛，往往是国君肯礼贤下士，采纳忠言。而国家的衰败，总是因国君不听忠言，自取灭亡。因此，我们除了建立自信心外，相信别人的长处，虚心地向对方学习，也是很重要的。

第086则
——通达者无执滞心，本色人无做作气

【原文】

无执滞（zhì）心①，才是通方士②；

有做作气，便非本色人。

【注释】

①执滞（zhì）心：固执且偏执的心态。

②通方士：博学而通达事理的人。

【译文】

没有偏执滞碍之心，才算是通达事理的人；有矫揉造作的习气，便无法舒展一个人本来的天性。

【解析】

执滞心，是积淀于人性中的“顽疾”，轻则贻笑大方，重则祸国殃民。这种存有执滞之心的人，并非矢志不渝地去坚持某个真理，而是以一孔之见，若管中窥豹般愚蠢地僵守成规，殊不知环境已经发生了变化。《韩非子》里面讲到的“郑人买履”中的那个郑国人，就是执滞愚昧者的典型，这样的人“宁可相信量的尺寸合适，也不相信活生生的脚的大小”，可见，迂腐与滞怠之心已到了何等可笑的程度！还有一个故事：从前有一个人，乘船过江到半途的时候，他的剑掉进水里了，于是，他马上在船上刻了个记号。他说：“我的剑是从这里掉入江中的，我只要按这个记号去找，就可以找到剑

了。”你想，他能找到剑吗？当然不可能，他不懂得水流船动的道理。因此，我们把“刻舟求剑”，比喻为固执不通的意思。这个人的心，就是一种“执滞心”。所谓通方士，乃是指博闻而通达事理的人。一个人心中若固执不通，必然就无法对一切学问通达无碍，因为，他心中常有偏执取舍，以致许多事物无法以客观与谦虚的态度去评判或接受。因此，他即使再有学问，也是固执一隅，只能成为专才而无法成为通才。我们常说：“择善固执”，但是执着也极易造成偏见，而滞碍不通更容易变成食古不化。真正的道理都是活的，并不是教条。有“执滞心”的人往往只知道抓着一些“道理的教条”不放，运用时也不知变通。

做作无非是想要改变别人对你的看法，因此，才有意去掩饰与改变自己的本性。然而，这一种扭曲与改变，总是为了别人，有时候，甚至是为了世俗的名利，无论如何，这都是一种自欺欺人的行为。想改变他人对自己的印象，不要在表面上下功夫，应从自己的内心本质改变起，不过，到底是变好还是变坏，自己要看清楚。如果改变后的自己，并不能使自己的生命更具有意义，不如保有原来的自己，至少不会使自己的生命更糟。人的内在也有一些本性是原来就很好的，孟子说：“人性本善”，只要发扬我们心中本有的善性，也许，便是一个最好的本色人。让我们都保有属于自己的“本色”吧！

第087则
——心为主宰，死留美名

【原文】

耳目口鼻，皆无知识之辈，全靠者心[①]作主人；

身体发肤，总有毁坏之时，要留个名称后世。

【注释】

①者心：这心。

【译文】

眼耳鼻口，都不能产生思想，完全依赖这颗心来作为它们的主宰；身体肌肤，生命消逝时都会腐败毁损，总得留个好名声让后人称颂。

【解析】

身体发肤受之父母，爱惜是正理。在世之际，“惜身”的同时亦要“修身立人”“身前重名，身后重誉”，留得一个好名声远比留下一堆物质财富更为有意义。《大学》上说：“心正而后意诚，意诚而后身修……”心若正，一切行为也就正直而不偏失。再进一步说，贤人便是一个社会的心，若是没有贤人，许多人便不辨是非黑白，不明善恶。因此，一个社会要贤人来领导大众，而一个人更要自许成为贤人。五代时期，梁朝名将“王铁枪”王彦章，跟随梁太祖朱温南征北战、屡立战功，深受重用。到梁末帝朱攴继位后，唐军进攻梁国，王彦章受命御敌，但因寡不敌众被俘。唐庄宗劝王彦章归降。王彦章说：“豹死留皮，人死留名。”他宁死不屈，视死如归。与此同义的民间俗语还有“雁过留声，人过留名”等，都是强调人应该积极进

取，有所建树，以美德嘉行来垂范后世。

眼、耳、口、鼻、身是人的五官，它们又以“心”为主宰，如果没有一个心在做主宰，耳、目、口、鼻便无法发挥它们最大的效用。如果一个人不用“心”，就会耳不听忠言，目不辨黑白，口中胡乱言语，连鼻子也让人牵着走，那么，这个人必然无法端正自己。心能辨是非，明好恶，所以，人最重要的是把心先修好。

所谓留个名称后世，便是要我们在有生之年有所作为，做些有益世人的事，这就是自我实现。留名是要留善名，而不是恶名，若是恶名，不如不留。有些人以为“人死留名，豹死留皮”，留个臭名也好，至少大家一辈子都记得他，这种人思想邪曲，却不知道有多痛心！

第088则
——有生资更需努力，慎大德也矜细行

【原文】

有生资[①]，不加学力[②]，气质究难化也；

慎大德，不矜细行，形迹终可疑也。

【注释】

①生资：天赋优良的资质。

②学力：学习之力度。

【译文】

天生的资材很出色，但如果不努力学习，脾气秉性还是很难有所改进的；只在大行为上留心谨慎，却不拘小节，到底让人对他的言行产生狐疑。

【解析】

一块上等的美玉要精雕细琢，才能显现其价值，人类更是如此，只有孜

孜以求地精进，才能成为一个有用的人。儒家学者一向强调人所拥有的天赋秉性，但更强调了开掘和发展的必要性，甚至后者更加重要。人的本性再美好，也要努力学习，在学问的潜移默化中加以琢磨，才能成为大器。所以，光有优秀的天赋，后天却不肯努力学习，也是枉费了上天一片美意。久而久之，连天赋的潜力也会被埋没，更别谈变化气质了。“人之初，性本善”，是说人本来就有良好的善性，但是，为什么有的人后来却成为不好的人呢？这完全是由于外力的影响所造成。

至于“细行”要不要讲究，历来有两种观点。一种观点是“不矜细行，终累天德”，这与此条所持观点吻合；另一种观点是“大行不顾细谨，大礼不辞小让”。其实，中正的观点应该是“大行兼顾细谨，大礼亦需小让”。这才合乎行事的法则。如果仅在大行为上面注意，微细的行为却不加谨慎，仍然不能让人信任。因为由小见大，有时小节正是一个人内心的真正流露，如果小节屡犯，则表示此人还不能将一些劣根性加以去除。正如堤防上有裂痕，随时都有可能扩大崩裂，谁敢去相信呢？

第089则
——忠厚传世久，恬淡趣味长

【原文】

世风之狡诈多端，到底忠厚人颠（diān）扑不破①；

末俗②以繁华相尚，终觉冷淡处趣味弥长。

【注释】

①颠（diān）扑不破：理义正当，不能推翻。

②末俗：末世的衰败习俗。

【译文】

世风日下，狡猾欺诈之事盛行，但忠厚之人诚恳质朴的品质永远不会失败；末世的习俗崇尚奢华，不过还是寂静平淡的日子更加耐人寻味。

【解析】

“吃得一时亏，省得百日忧”，忠厚之人以厚道著称，之所以“厚”，是心怀善念心系乾坤，有颗菩萨心，之所以得“道”，是因为这种人内心祥和懂得宇宙万物运行的道理。所以，忠厚之人做事诚实守信，以“信义”两字赢天下。人世间纷繁复杂，熙熙攘攘追名逐利者从来都是趋之若鹜，狡诈之行便也盛行起来。然而，这些人即使能够得逞一时，也无法风光一世，因为，他们的人性深处有着无可弥补的“漏洞”，生活或迟或早会给予他们一记重锤。

世俗的风气所以狡诈多变，大半是为了“名利”二字。而狡诈的手段是一些骗人的伎俩。待人处世，不妨学学忠厚人的那股傻劲。小人的狡诈欺瞒，永远是忠厚老实的人学不来的。其实，吃亏的往往是那些搞阴谋诡计的小人，陷害的也是他们自己。在你对人失望透顶的时候，不妨想一想，我们的社会其实也不乏厚道可爱的人啊！至少，我们可以要求自己做一个忠厚之人！

老子主张人应清静寡欲，他说：“五色令人目盲；五音令人耳聋；五味令人口爽；驰骋畋猎，令人心发狂。”并非没有道理。反而是寂静恬淡，可以使我们的万虑皆涤，心胸为之一畅。所谓“一沙一世界，一花一天堂”。在寂静中才可以观照得到。有些奢侈热闹的事，足以令人的心为物欲所蒙蔽。如果大家都崇尚奢侈，就会造成一个重利的社会。既然重利，便不重义，这正是社会风气败坏的原因。

第090则
——交友要交正直者，求教要向德高人

【原文】

能结交直道[①]朋友，其人必有令名[②]；

肯亲近耆（qí）德老成[③]，其家必多善事。

【注释】

①直道：正直而有道义。

②令名：美好的名声。

③耆（qí）德老成：德高望重的年长者。

【译文】

能结交正直有道义的朋友，这样的人必然会有好的名声；肯向德高望重的年长者亲近求教，这样的家庭必然常常有善事发生。

【解析】

孔子说过有三种朋友：友直、友谅、友多闻。要观察一个人，先观察他所结交的朋友，是一个好方法，物以类聚啊！一方面因为自己正直，才会结交正直的人；另一方面有这种朋友相互提携，自己的德业学问必定能日渐进步。老年人的人生经验丰富，可以指引我们走向正确的道路。当然，这是指修养很好，道德有成的老年人。一个人如果肯常常去亲近这样的老年人，那么，他就能掌握到正确的方向，才不会常走错路。

淳于髡是齐国的学者，喜欢招贤纳士的齐宣王请他举荐人才。一天之内，淳于髡竟然推荐了七名贤人，此举让齐宣王大为惊讶，于是问："寡人听闻人才难得，如果一千年之内能找到一位，那贤人就多得像肩并肩站着一样了；如果一百年能出现一位，那圣人就像脚跟挨着脚跟一样了。现在，一天之内你就举荐了七个，是不是太多了呢？"淳于髡答曰："不是这样，同类的鸟总聚在一起飞，同类的野兽总聚在一起滋事，要寻找柴胡、桔梗这类药材，如果到水泽洼地去找，估计永远找不到，要是到梁文山的背面去找，那就可以成车地找到，就是因为天下同类的事物总是聚在一起的。我淳于髡大概也算是贤士，所以我来举荐的话就如同在黄河里取水，在缝石中取火一样容易，我还要再推荐，又何止眼前这七个！"

第091则
——化人解纷争，劝善说因果

【原文】

为乡邻解纷争，使得和好如初，即化人①之事也；

为世俗谈因果，使知报应不爽②，亦劝善之方也。

【注释】

①化人：感化他人。

②不爽：没有差失。

【译文】

替乡里的邻居解决纷争，使他们的关系和最初一样友好，这便是感化他人之事；向世俗的人解说因果报应规律，使他们知道"善有善报，恶有恶报"之理，这也是劝人为善的方法。

【解析】

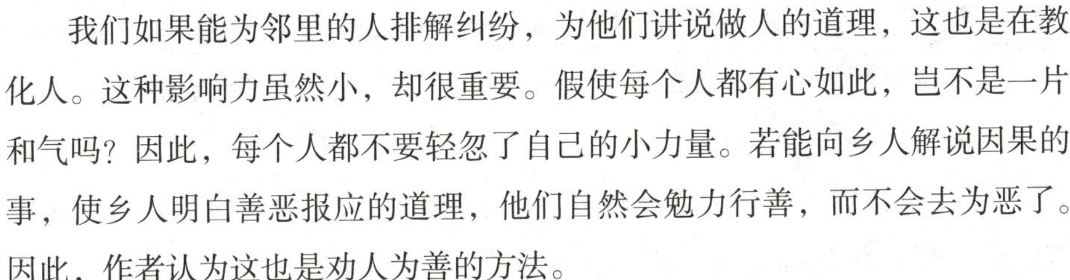

我们如果能为邻里的人排解纠纷，为他们讲说做人的道理，这也是在教化人。这种影响力虽然小，却很重要。假使每个人都有心如此，岂不是一片和气吗？因此，每个人都不要轻忽了自己的小力量。若能向乡人解说因果的事，使乡人明白善恶报应的道理，他们自然会勉力行善，而不会去为恶了。因此，作者认为这也是劝人为善的方法。

清康熙年间，文华殿大学士，礼部尚书张英，世居桐城，其府第与吴宅为邻，两家中间有一隙空地，历来是作为通道使用，后来，吴家想重建房子，想占用这一空隙。张家心中不悦，纠纷随之而来，并且白热化，最终状告到了县府衙。县官看两家都是名门望族，部里事本也纠缠不清，所以进退无法判决。张家人认为有理难申，只好修书京都，把此事告诉张英。张英得知后，豁然一笑，遂修书四句："一纸书来只为墙，让他三尺又何妨。长城万里今犹在，不见当年秦始皇。"张家见诗，遂让出三尺地基。吴家见状，觉得张家虽有权势，却不欺人，感动之余也效仿张家向后退让了三尺，于是，就形成了今天的"六尺巷"。张英为两家解纠纷，让部里与家人都得到了感化，得了"礼让"的道理，真可谓是善举、壮举。

第092则
——发达福寿空命定，努力行善最要紧

【原文】

发达①虽命定，亦由肯做工夫；

福寿虽天生，还是多积阴德。

【注释】

①发达：飞黄腾达。

【译文】

一个人的飞黄腾达，尽管是命运注定的，却也归因于这个人肯做出努力；一个人的福分寿命，尽管一生下来便有定数，但还是要多做善事来积阴德。

【解析】

有一种人，总能为自己的“不作为”找到借口，大言不惭地认为“命里有时终须有，命里无时莫强求”。所以心安理得地碌碌无为，且浑然不知自己的荒唐。要知，虽然一个人的整体格局是受到大环境大规律的制约，但是，人又是具备主观能动性的，能够认识规律和掌握规律，哪有不费一丝功夫就平步青云的呢，即便暂且看似“步步青云”，那也宛若空中楼阁，终究只是镜花水月一场空。

一面要“谋事”，一面要强调“谋善事”“谋正事”，唯有如此，才能广积阴德。所谓“阴德”之说，并非是迷信的观点。一个心怀善念、孜孜向上的人，一定会在精神气质上透射出来，这样的人，人缘和谐，心有明月，福气和寿命自然是不会差的。人体这副“皮囊”，得势的首要机缘就是讲究“修良心”：心正则人立，不正则废孰，德正则事顺，不正则否。

如果只相信命运，相信命中注定，因而想不劳而获，这就不是正确的生

活态度了。一个人如果不肯努力，不肯下功夫，还不是一事无成。更何况，命运好不好，谁又能知道呢？一个人发达了，就说是他的命好、运好，否定了他的苦心与努力，更是不公平的事。

人的福分和寿命是种什么因，便得什么果，不但过去如此，今后也是如此。所谓："欲知过去因，今日受者是；欲明未来果，今生作者是。"因此，不管一个人天生的福寿、命运如何，最重要的仍是今生今世的努力与行善，大家不要忽略了这一点才好。

第093则
——百善孝为先，万恶淫为源

【原文】

常存仁孝心，则天下凡不可为者，皆不忍为，所以孝居百行[①]之先；

一起邪恶念，则生平极不欲为者，皆不难为，所以淫是万恶之首。

【注释】

①百行：一切行为。

【译文】

心中常驻仁心、孝心，那么天下任何不正当的行为，都不会忍心去做，所以"孝心"是一切行为中首先应该去做的；心中一旦燃起了邪淫的念头，那么平常很不愿做的事，现在做起来一点儿也不困难，因此"淫心"是一切恶行的开始。

【解析】

儒家《孝经》开宗明义表示："身体发肤，受之父母，不敢伤，孝之始也；立身行道，扬名于后世，以显父母，孝之终也。夫孝，始于事亲，中于事君，终于立身。"由此可窥见，"孝"的内涵不只是孝顺父母，这只是孝道的开始。一个人有着“民胞物与”的胸怀，就更不可能会做出伤天害理的事了。同样的，一个有孝心的人，会让别人因自己的行为，而称赞自己的父母。像这样，断绝了恶行之源，开启了善行之端，是人生最重要的举动。所谓“色胆包天”，一个人心中一旦起了淫邪的念头，就会做坏事。因为，色欲只可节制它，不可放纵它。一旦放纵，整个人就会受肉欲所驱使，什么伤天害理的事都敢去做了。由此可见，淫实在是万恶之首。

在佛教里，孝顺父母有三个层次，初品的孝顺父母，是甘心奉养，让父母在生活上获得适度的赡养，没有缺乏。第二是光宗耀祖，为人清白，事业成功，名利双收，道德令人敬重，让父母祖宗都得到荣耀，这是中品的孝顺。第三是上品的孝顺，就是引导父母有道德、有慈悲、有宗教的信仰，不但此生他可以安身立命，就是百年之后，也能有好去处，这是最上品的孝顺。

孝顺父母，关爱老人，是为人子女、夫妻双方共同的责任和义务。但是在生活中的很多时候，夫妻两个人因为忙碌，往往忽视了父母的存在。对老人的关爱，不仅要说在嘴里挂在心上，还要你伸出一双温暖的手，好好善待各自的父母。

第094则
——享受减几分方好，处世忍一下为高

【原文】

自奉①必减几分方好，处世能退一步为高。

【注释】

①自奉：对待自己。

【译文】

对待自己稍微严苛几分为好；与人相处凡事忍让一步为高。

【解析】

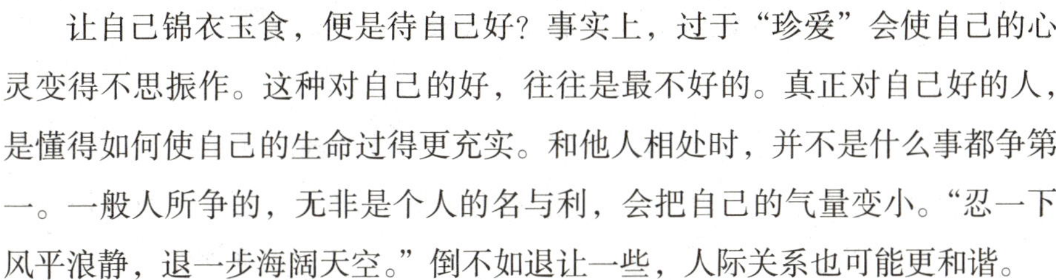

让自己锦衣玉食，便是待自己好？事实上，过于“珍爱”会使自己的心灵变得不思振作。这种对自己的好，往往是最不好的。真正对自己好的人，是懂得如何使自己的生命过得更充实。和他人相处时，并不是什么事都争第一。一般人所争的，无非是个人的名与利，会把自己的气量变小。“忍一下风平浪静，退一步海阔天空。”倒不如退让一些，人际关系也可能更和谐。

朱熹一生以清贫示人，生活践行“茶取养生，衣取蔽体，食取充饥，居止取足以障风雨”，历代学者以“朱子固穷”而颂扬之。民间流传这么一段佳话：朱熹去探望女儿，其女跑到屋后的菜园里摘了几根香葱，做成清汤，又煮了一锅麦饭，因生活拮据而面露不安。朱熹见状，临行时赋诗一首：“葱汤麦饭两相宜，葱补丹田麦补脾。莫道此中滋味少，前村还有未炊时”，表示葱花汤与麦屑饭两样搭配起来吃很适宜，葱可以滋补身体，麦饭可以充饥，千万不要以为这样的饭菜滋味不好，要知前村人家有时还揭不开锅呢，淡泊悯人的情怀溢于言。

第095则
——守分安贫，持盈保泰

【原文】

守分安贫，何等清闲，而好事者，偏自寻烦恼；

持盈保泰①，总须忍让，而恃强者，乃自取灭亡。

【注释】

①持盈保泰：事业到达极盛时，不骄傲自满，反能谦谨地保持着。

【译文】

能持守本分而安贫乐道，这是多么清闲自在的事，而喜欢兴造事端的人，偏偏要自寻烦恼；在事业极盛时不骄不满地保持，凡事忍让，才能长久而不衰退，因此而盛气凌人者，等于自取灭亡。

【解析】

清代文学家纪晓岚的老师陈伯崖曾经撰写过一副对联：事能知足心常泰，人到无求品自高。这寓意着，人只有摆脱功利与浮躁，不为外物所羁绊，不为浮云遮望眼，才能获得一种超然物外的自在与宁静。无欲无求是一种风骨，祛除欲望，求得精神的充盈与满足，才能稳步前进。当然，安贫并非是要人陷于贫困，而是让人淡泊心性看待贫穷，多做正面的功夫，而不要庸人自扰，寻得一些不必要之恼。

人若对事物能用一种“平常心”去看待，一定比较能轻松自在。正所谓“春有繁花秋有月”，快乐不快乐，还是看各人的生活态度而定。凡事顺其自然，不强求而尽本分，保持内心的安泰，这可能是大部分人都无法了解的人生至乐。

要持盈保泰，就是“忍让”二字。大部分的人一朝富泰了，以前能忍的，现在再也忍不住了。因为有恃无恐，既然有权有势，还有什么好忍的？如此一来，纷争不断，能富泰到什么时候？不管人处在什么环境，中国人尤其讲求“忍”，永远是立身处世的良方。

第096则
——境遇无常须自立，光阴易逝早成器

【原文】

人生境遇[①]无常，须自谋一吃饭本领；

人生光阴易逝，要早定一成器[②]日期。

【注释】

①境遇：环境的变化和个人的遭遇。

②成器：成为可用之器，即指一个人能有所成就的意思。

【译文】

人一生中的环境和遭遇常有变数，一定要谋求足以养活自己的一技之长，才不至于受缚；人生的光阴稍纵即逝，一定要及早定立远大的志向，在一定的期限内使自己成为有用之人。

【解析】

人的一生总会遭遇环境的变迁，有的人生于富家，却因意外变故潦倒而死，有的人生于穷家，却因环境际遇，再加上个人的努力，而成家立业。所以，在无常的人生中，维持一个起码的生活条件，就要学得一技之长，这样不至于在挫败的时候，连自己也养不活。无常之境，唯有自身谋取一技之长才是恒定“有常”。俗话讲，“积财千万，不如一技在身”，这沉淀了老百姓千百年来认识到的智慧。

春秋战国时的公孙龙就很看重人的一技之长。他曾对他的弟子说：“没有特长的人，我一概不收他们做弟子。”一天，一个身穿粗布衣服、腰系麻绳的人来见公孙龙，想拜公孙龙为师。公孙龙问：“你有什么本事？”来人说："我的嗓门儿很高。"公孙龙问他的弟子们："你们当中有谁比他的嗓门儿高吗？"弟子们回答："没有。"于是公孙龙收他做了弟子。几天后，公孙龙一行要去游说燕国，来到黄河边上，而渡船却在对岸，这时，公孙龙要那个嗓门大的新弟子呼唤船家，那弟子只喊了一声，渡船就划了回来。倘若公孙龙没有这么一个嗓门儿大的弟子，还不知要等什么时候才能把渡船等来呢！

在现代生活中，每个人要想比别人做得更好，就需要发挥自己特长，星云大师在对世人理解"不在其位，不谋其政"中强调，要在自己的岗位上，在所处的生活领域中，拥有一技之长，从而创造出别人无可替代的价值，进而使自己成为一个优秀的人。

人的一生，不管是"含着金汤匙"出生，抑或是"坠地寒门"，总归放眼一辈子来看，就宛若蜿蜒之误流汇入命运之"大海"一样，一路势必是"高歌奔流"与"坎坷崎漪"交相错落。人的一生是十分短暂的，若不好好把握，后悔也来不及。所以，要及早为自己订立一个远大的志向和目标，督促自己在某个时限完成它，这样生活才有目标、有意义。

第097则
——河川学海而至海，苗莠相似要分清

【原文】

川学海而至海，故谋道①者不可有止心；

莠（yǒu）②非苗而似苗，故穷理者不可无真见。

【注释】

①谋道：追求学问及人生的大道理。

②莠（yǒu）：妨害禾苗生长的草，像禾苗但不结穗，俗名“狗尾巴草”。

【译文】

河川学习大海的兼容并蓄，最终汇流入海，海能容纳百川，因此一个人追求学问与道德也应该永不止息；田里的莠草长得像禾苗，但并非禾苗，所以深究事理的人不能没有真知灼见，以免被蒙蔽。

【解析】

“川学海而至海”，乃是一个比喻，把每一个读书人的求学心当作河川，把知识当作海洋，那么，由一条河汇流到海洋，必然要经过许多崇山峻岭，正如读书人求学也应不畏艰难，自强不息，知识道德才能更渊博深广。而且，“泰山不辞小丘，故能成其高；河海不弃细流，故能成其大”。读书人也不要放过任何获得新知识的机会才是。大海气势磅礴，在于它的“容”，千万溪涧汇集于此，奔腾不息，才有了此等浩瀚与气场。所以，一个人如果要真正追求学问与大道，就势必应该永无停息、永不自满地追求与奋斗。有时候，真理的辨认是十分不容易的，就像苗与莠一般难以分别。因此，穷究一项事理时，一定要经过谨慎的判断。

清末政治家林则徐在担任两广总督时，在总督府衙题了一副堂联“海纳百川，有容乃大；壁立千仞，无欲则刚”。这是一种浩然之气的外显，时人或许应多从“气度格局”与“摒弃俗欲”上下功夫。这种气度就是要求人们豁达大度、胸怀宽阔，能够包罗万象，汲取精华来完善自我。然而，“谋道”之途又是一个曲折而螺旋上升的过程，所以，要穷尽真理的话，就要尽可能地多加提升，增强内在的功力，以便甄别良莠不齐之物，这强调的是一种“洞见”，且这种洞见又建立在“火眼金睛”的内力之上，否则，如何能分清“禾”与“莠”呢！所以，连孔老夫子都说最可恨的，就是那些似是而非的东西：讨厌稗子，因为它长得像禾苗；讨厌歪才，因为怕他败坏大义；讨厌伶牙俐齿，因为这会败坏诚信。

第098则
——守身必谨严，养心须淡泊

【原文】

守身①必谨严，凡足以戕（qiāng）②吾身者宜戒之；

养心须淡泊，凡足以累吾心者勿为也。

【注释】

①守身：持守自身的行为、节操。

②戕（qiāng）：损害。

【译文】

持守节操必须十分谨慎严格，凡是足以损害自己操守的行为都应该戒除，要以宁静淡泊来修养心灵，凡是使我们内心疲累不堪的事都不要为之。

【解析】

一个人倘若没有什么抱负，只要庸庸碌碌地过一生也就罢了。对人生有点理想，那么，持身谨严就很重要。因为我们爱人生，所以爱自己，“守身”正是爱自己的表现。我们珍惜自己的一言一行，恐怕有所缺失。古人的“守身如玉”，无疑是对自己的父母与孕育自己的天地的一种最诚心的回报。现代人持身“谨严”二字是不容易的。

禅宗有句偈语是这样的：“左一布袋，右一布袋，放下布袋，何等自在？”很多事情对于我们就像布袋一般，只是负担。人一辈子扛着七情六欲、儿女情长的“布袋”，永远也放不下，结果，这一辈子不能空出来做一些有意义的事；心灵也永远空不下来，想一些真正属于自己生命的问题。

“孰不为守？守身，守之本也。”保持一个人的节操，须得像玉一般无瑕，再退一步，即使玉可以白璧微瑕，但人的节操，却应该力戒一切损害操守的行为，须得守身如玉，洁身自好，容不得半点儿放荡不羁。人由动物进化而来，同时还存有动物性的惰性与随性，所以，“防微杜渐”在此变得尤为重要起来。古往今来，多少早年沉沦或者晚节不保者，无不是忽略了“且欲防微杜渐，忧在未萌”这一环节，待到积重难返之际，恐怕只能扪心自问：“自家不能防微杜渐，却怨谁来？”

“守身”与“修心”，相互交融，渗透彼此，最怕的就是“欲壑难填”这剂毒药。一旦“欲壑”一道道深深浅浅地埋在了心里，那么，心必定被驱使，被蒙蔽，日日万马奔腾一般被驾驭着奔命。最怕的是，逐来逐去，人就迷失了本心，变得面目可憎、茫然空洞起来。要攻克这剂毒药，就须得开一张“淡泊”的方子。所谓“淡泊”，实际上是“看清”与“看轻”——轻世俗之名利，清自身之志向，这样，身心就能慢慢抵达安宁恬静的港湾，而这一“港湾”，正是实现人生理想，修身养性的好境地。

第099则
——有德不在有位，能行不在能言

【原文】

人之足传[1]，在有德，不在有位；

世所相信，在能行，不在能言。

【注释】

①足传：值得让人传说称赞。

【译文】

一个人值得为人所称道，在于其人品德高尚，而不在于有高贵的地位；世人所相信的，是那些脚踏实地能把事情做好的人，而不是那些嘴里说得好听的人。

【解析】

对于君王来说，要一统天下，在于德治，而不在于拥有大禹所铸的九鼎，正所谓“在德不在鼎”；对于平民百姓来说，要“足传”，要博得他人的敬重，德行的高下就是一面“魔镜”——只问德行，不问其位；人有德行，如水至清。可笑的是，一些倏然飞黄腾达之辈，空有其位而忽略了自身“德不配位”，招摇之际，不恤人危，为了一己私利而蝇营狗苟，甚至为虎作伥。这种人自以为做得隐匿而理所当然，殊不知，自身如同披上了“皇帝的新装”一般，早已被人识别一清二楚。所以，有德行之人，方得人所敬，这种人，言行一致，不会两面三刀，也不会口蜜腹剑。世间有一些“人言”特别能蛊惑大众，似乎出口之际诚然而凿凿，实际上不是“空言”，就是“蜜语”，唯独不能兑现，不能付诸于“行”。这种“人言”实在是魅人不浅的东西，充其量只能归纳为“空言”与“假言”，甚至流变为“谗言”。

一个人获得他人赞赏，并非他身在高位，因为高位人善。有德的人即使居于陋巷，他做的事仍然有益于人；无德的人即使身居政要，也不是大家的福气。一般人从小到大说过几百遍：“我一定要……”结果，毛病到老也没改。有些人说起话来真是令人倾倒，所谓雄辩滔滔，也不过如此。但是，再仔细观察他的行为，对他的话就要大打折扣了。因此，要让别人相信你，很简单，拿出成果来！

第100则
——称誉易而无怨言难，留田产不若教习业

【原文】

与其使乡党有誉（yù）言①，不如令乡党无怨言；

与其为子孙谋产业②，不如教子孙习恒业③。

【注释】

①誉（yù）言：称誉的言辞。

②产业：田地房屋等能够生利的叫作产业。

③恒业：可以长久谋生的事业。

【译文】

与其让部里对你称赞有加，不如让乡里对你毫无抱怨；替子孙谋求田产财富，倒不如让他学习可以长久谋生的本领。

【解析】

一个人要做到让他人赞美并不难事，难的是让别人对自己心服口服。因为，前者可能做几件好事就能得到，而后者要人格完美无缺才行。其实，一个人很难做到十全十美。“使乡党无怨言”不是去讨好每一个人，而是要使

每个人都能信服，这就很困难了。

为子孙谋求大的产业，原是人之常情，可是，子孙若是品德不良，庞大的产业总会让他败尽。另外，子孙品德上过得去，若无谋生的本领，坐吃山空，再多的家产也会有用光的一天。因此，留产业给子孙，不如教子孙做事业。

在古代，五百家为党，一万二千五百家为乡，合而为“乡党”，泛指乡里乡亲。在漫长的农业社会里，“乡里关系”是承载社会关系的一个关键视角，一个人的毁誉，基本就能从大家的口耳相传里，得出个“十有八九”来，这不是文明社会的法庭裁判，却是沉淀了老百姓智慧和眼光的基本中肯的品论。古语讲“乡党之间观其信诚”，那么，乡里乡亲的相处，以当下社会主义核心价值体系来讲，就是要秉持“诚信”二字，这是“令乡党无怨”的基本立足点，先让人无怨，方赢人誉言。倘若为了“誉言”而行事，那就多少有了做作之虞，事情的本质就隐匿着特有的目的了，而“怨”，就是肇端于“某种特有目的渗透”。“为子孙谋”不是留产业，而是留“德业”，家产不与子孙谋，精神财产才是无价之宝，唯有让儿女懂得如何去独立生活，自己去创造财富，并养成勤俭、清正、奉献的美德，方是最高级别的“留”，这才是真正让孩子产生幸福之源的奥妙。

第101则
——先贤格言立身准则，他人行事又作规箴

【原文】

多记先正①格言，胸中方有主宰；

闲看他人行事，眼前即是规箴（zhēn）②。

【注释】

①先正：后泛指先圣先贤。

②规箴（zhēn）：“规”为画图器具，“箴”为具有规劝性质的文体。泛指劝勉告诫。

【译文】

多多记住先圣先贤立身处世的训辞，心中才会有明确的主见；旁观他人做事的得失，眼前所见即是人们行事的得失教训。

【解析】

先贤的话是经验的累积，虽然时代环境已大有不同，但做人的道理不变。因此，多将一些圣贤的言语记入心底，多加以消化，对我们行事便能建立一个正确的准则，不至于被邪说蒙蔽，遇事也能依此来决定取舍之道。“他山之石，可以攻玉。”许多事情，我们虽不曾经验过，但只看他人已有的得失，便知这件事是好还是不好，值不值得去做。事实上，只要我们多加留意，格言不仅在书中，也在我们的生活里。

“习得”是动物在严酷的生存环境中沿袭下来的本性，而进化到人类，则可以用“见贤思齐”四个字来归纳。“见贤思齐”表明的是榜样对自身起到的借鉴作用，这种灵魂上的“光明震撼”，会让人产生“向往”与“智慧”，于是各路真理了然于心，行事自有主宰。见贤思齐，作为儒家修身养德的座右铭，同时也包含着“择善而从”“三人行必有我师”的内容，当然，这四个字反话过来便是“见不贤而内自省”，表明坏的榜样对人会产生另一种“教益”，所以，看到“不贤”就要吸取教训，把“眼前的规箴”再三思量。孟子的母亲，因为怕孟子受到坏邻居的影响，连续搬家，有了“孟母三迁”的典故；杜甫写诗自我夸耀“李邕求识面，王翰愿为邻”，都说明“榜样作用”的巨大力量。

第102则 ——为重臣而精勤，临大敌犹奕棋

【原文】

陶侃①运甓（pì）②官斋，其精勤可企而及也；

谢安③围棋别墅，其镇定非学而能也。

【注释】

①陶侃：晋都阳人，为人明断果决，任广州刺史时经常运砖于自己的官署之外，修习精勤。

②甓（pì）：砖的一种。

③谢安：晋阳夏人，淝水之役，前秦苻坚投鞭断流，人心为之惶惶，当时谢安为征讨大都督，丝毫不惊慌，闲时仍与友人在别墅下棋，镇定如常。

【译文】

晋代的名臣陶侃，闲暇之际运砖于官署之外，这种精勤的态度是我们做得到的；晋代名相谢安，面临大敌时仍能和朋友在别墅从容不迫地下棋，这种镇定的功夫就不是我们学得来的。

【解析】

古时成大事业的人，莫不时时刻刻地鞭策着自己，绝不让自己懈怠半分。陶侃后来能成为晋代名臣，实非偶然。这些都是值得我们学习和效法的，而且，这种精勤的精神只要我们肯去做，就一定能做得到。大器晚成的陶侃，身居高位之时，早上总是把一百块砖头搬到书房的外边，到了傍晚，又把这一百块砖头搬到书房里，天天重复。他人颇为惊讶，便问他如此折腾的意义。陶侃表示：“我的志向是收复中原大地，如果悠闲安逸的生活过惯

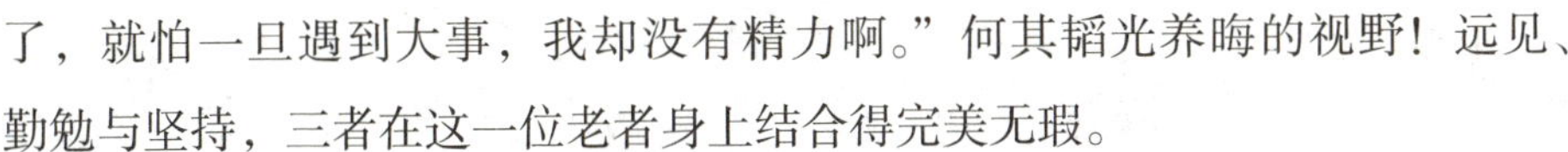

了，就怕一旦遇到大事，我却没有精力啊。”何其韬光养晦的视野！远见、勤勉与坚持，三者在这一位老者身上结合得完美无瑕。

至于谢安，在大军临境时还能安然下棋，令人佩服的地方并不在于他视若无睹，而在于他分明看见却能胸有成竹，泰然处之，所以能临危不乱，这完全是看个人的胆识。镇定能使一个人的头脑保持清醒，慌张只会自乱阵脚；镇定能找出对方的弱点，慌张只有自露弱点。唯有镇定，才能克敌制胜。一棵树之所以不畏风吹雨打，还是因为根扎得深啊！谢安出身名门世家，四岁时名士桓彝见之，便赞赏他风采神态清秀明达，待及成年，果然多才多艺，善行书通音乐，性情闲雅，处事公允，有宰相气度。他治国以儒、道互补，被人尊称为“江左风流宰相”。

“身为重臣而精勤，面临大敌犹弈棋”“精勤不懈”与“气定神闲”在两位古人的身上体现得淋漓尽致。

第103则
——以美德感化人，让社会更祥和

【原文】

但患我不肯济人[①]，休患我不能济人；

须使人不忍欺我，勿使人不敢欺我。

【注释】

①济人：救济别人。

【译文】

只怕自己不肯去帮助他人，不怕自己的能力不够；应使他人不忍心欺负我，而不要让人是因为畏惧而不敢欺负我。

【解析】

“济人”不在事大事小，但凡有心，于微小处亦能扶危济困。人非草芥，只要一息尚存，就能以“善心”去帮助人，怕就怕一个“不肯”，那么，这种人即使家财万贯，也是吝啬之辈。更有甚者，非但不会去济人，反而以他人落魄为乐，甚至落井下石，这种人，不得不说道德沦丧，为下九流之辈。真的有心救助他人，并不怕自己能力不够，只要有心，任何事情一定可以略尽绵薄。大部分人说自己没有能力助人，是没有心罢了。帮助他人的方法很多，有钱的出钱，有力的出力，一声问候也可以带给人满心的温暖。

别人不敢欺负我那是因为自己厉害，别人惧于威势，所以才不敢。可是“不忍欺我”，就是因自己品德善良，待人诚恳，别人欺负我会良心不安，所以才不忍。不过更重要的是要使大家不忍去欺负任何人，不仅是我而已，这就需要感化的功夫了。所谓“道之以政，齐之以刑，民免而无耻；道之以德，齐之以礼，有耻且格”。讲的也是这个道理，与其让人惧怕你，不如让人敬爱你；与其以威势刑名来压制人，不如以美德来感化人，让他们自内心发出亲爱别人的好意，我们的社会才会更加祥和。

第104则
——幸福可在书中寻求，创家立于教子成才

【原文】

何谓享福之人，能读书者便是；

何谓创家①之人，能教子者便是。

【注释】

①创家：建立家庭。

【译文】

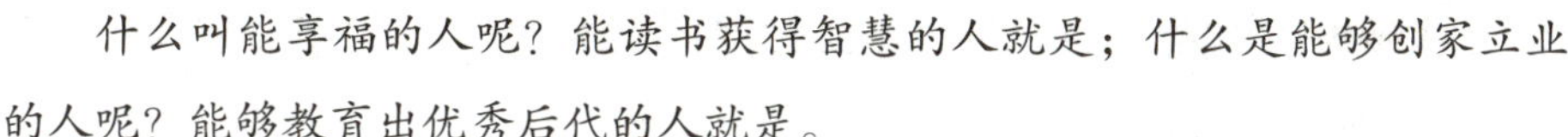
什么叫能享福的人呢？能读书获得智慧的人就是；什么是能够创家立业的人呢？能够教育出优秀后代的人就是。

【解析】

人内心真正的快乐，才算是有福气。许多人常误把刺激当作快乐，一旦外界的刺激消失了，自己的心灵反而更加空虚。能安心自在地读书，的确是一种福气。书中有无限的天地，随时在等着你，全看你有没有一把“心灵之钥”可进入书的世界。有许多人由外界去获取种种快乐，他的快乐掌握在别人的手上。能由书中得到喜悦的人，随时都能聆听心灵最悦耳的音乐。这种人才真正是能享福的人。什么人才是善于建立家庭的人呢？应该是教育出来的都是好子弟，这些好子弟将来又创立了许多好家庭，这就是善于创家。

古人推崇“五福”：有工夫读书谓之福，有力量济人谓之福，有学问著述谓之福，无是非到耳谓之福，有多闻直谏之友谓之福。而这“五福”当中，排序第一的便是“读书”。静处一隅，悠然墨香，从字里文间开辟一扇窗，暂离世俗琐事，畅游古今智慧，那是何其快意的一件事！书卷浸润过的心灵，是充实而开阔的，那种精神的需要与心灵的饥渴，于读书中肆意得到缓释的快乐是无与伦比的。正如梁实秋先生所言：“读书得以开茅塞，除陋习，得新知，增学问，广见识，掌性灵，使人较虚；心较通达，不孤陋不偏执。”

第105则
——教子勿溺爱，子堕莫弃绝

【原文】

子弟天性未漓[①]，教易入也，则体孔子之言以劳之（爱之能勿劳物），勿溺爱以长其自肆（sì）[②]之心。子弟习气已坏，教难行也，则守孟子之言以养之（中也养不中，才也养不才），勿轻弃以绝其自新之路。

【注释】

①未漓：尚未变得浅薄、浇薄。

②自肆（sì）：自我放纵。

【译文】

当子女的天性尚未受到社会恶习感染而变得浇薄时，教导他是不难的，因此应以孔子“爱之能勿劳乎”的方式去教导，而不要太过分溺爱，增长了他自我放纵的心。当子女习性已经败坏时，不易教导，就要依孟子“中也养不中，才也养不才”的方式教导，不要轻易地放弃，使他失去自新的机会。

【解析】

“爱之，能勿劳乎？忠焉，能勿诲乎？”意思就是说“爱他，能不叫他辛劳吗？忠他，能够不教诲他吗？”看来，教子女之始，就是教会孩子去劳作，这样才能杜绝溺爱以致“自肆”。同样的观点也出现在诸葛亮写给儿子诸葛瞻的《诫子书》里：“淫漫则不能励精，险躁则不能冶性。”表明后代一旦沉迷懈怠就不能励精求进，一旦偏狭躁进就不能冶炼性情，这也道出了对儿子“爱之，能勿劳乎”的殷切希冀。父母护犊，天经地义，但是“惯子如杀子”“自古宠子未有不骄，骄子未有不败”，这些都是经过验证了的道理。真正懂得爱的人，是爱之以方，而不是溺爱。因此在子弟还保持着纯朴的心时，要对他要求高些，使他养成刻苦自立的精神，这才是真爱。而溺爱会使他无

法离开父母的照顾而生存，反倒害了他，到了放纵成习，便不好教育了。

孟子有“中也养不中，才也养不才”之言，出自《孟子·离娄章句下》，意思就是说“品德修养好的人，要教育熏陶品德修养不好的人；有才能的人，要教育熏陶没有才能的人，所以，人人都希望有好的父亲和兄长。如果品德修养好的人抛弃品德修养不好的人，有才能的人抛弃没有才能的人，那么所谓好与不好之间的差别，就近得不能用寸来计量了”。

“中也养不中，才也养不才”是指有合乎中道的父兄来教育子弟，使他归于中道；有才的教导无才的，使他自觉自发。子弟就如长偏的小树，要由父兄像直木一般地去矫治他，千万不要轻易放弃，使他任意生长，那就更要长偏斜了。就像少年管教所的孩子，只要耐心地教导，给他灌输正确的观念，仍有机会成为有用的人。

第106则
——若成事业，不可无识

【原文】

忠实而无才，尚可立功，心志专一也；

忠实而无识，必至偾（fèn）事①，意见多偏也。

【注释】

①偾（fèn）事：败坏事情。

【译文】

如果一个人忠厚老实但没什么才能，只要专心致志地扑在工作上，还是可以立下一些功劳；但如果一个人忠心卖力，却没有什么见识的话，必定会产生偏执，把事情搞砸。

【解析】

"若成事业，不可无识"，一个忠厚老实的人，做事必将稳稳当当，这样的人，就算不能占尽"天时地利人和"的优势，却也因为人缘得势而难树宿敌，故没人处处使绊儿，即便这样的人无甚大才华，只要兢兢业业专心致志，倒也能立下一些不大不小的功勋。不过，倘若这种忠实之人缺乏见识，而一味愚忠的话，则就演变为了灾难：这种人偏执而顽固，"忠实"二字到此就演变为了"钻牛角尖""死扛到底"，到最后只能使事情败坏。忠心是好事，但有许多事反被忠心弄坏了。这便是由于认识不清，不知什么才是正确的方向，所以才会出现这种"爱之适足以害之"的情形。看来，"忠实"作为一种人性品质，也是一把双刃剑，一旦与其他"性情"与"特征"进行"发酵"，就会产生不同的后果。

人不可以无识，尤其是不可无正确的判断力。即使力量薄弱，无才能的人还是可以尽一己之力的。因此，无论做什么事，先要把事情的真相弄清楚。如果什么都不明白，便贸然地介入，鲜有不碍手脚、帮倒忙的。

第107则
——居安思危，脚踏实地

【原文】

人虽无艰难之时，却不可忘艰难之境；

世虽有侥幸①之事，断不可存侥幸之心。

【注释】

①侥幸：意外获得。

【译文】

人即使处在顺境之中，也不可忘记人生还有逆境的存在；世上虽然偶然会有意外收获的例子，但是心中不可抱着不劳而获的想法。

【解析】

“人无远虑，必有近忧”，花不会长开，好景不常在。逆境之来，有时是无法预料的，天灾人祸皆可以造成，只要不对生命绝望，一切都可以从头开始。明朝朱柏庐《治家格言》云：“宜未雨而绸缪；毋临渴而掘井。”人处在安逸境遇之时，切不可掉以轻心，一定要谨慎思危，趁着“天还没有下雨，先把门窗绑牢”，这是一种处事的智慧。因为世间之事，往往“祸兮福之所倚；福兮祸之所伏”。祸福依据条件的变化而转换。既然世间之事祸福是转换的，那么，也是存有偶然性与必然性的对立的。

偶然的事件仅仅只是“侥幸之事”，不符合事物发展的长情，故不能时时以“侥幸”之心来面对生活。说到侥幸，不免让人想起守株待兔的寓言。毕竟同一棵树下很少能出现第二只撞死的兔子，侥幸之事哪里会是常态呢？侥幸是偶然的，一个人心存侥幸，便无法认真地做事。到最后只会像寓言中

的农夫一般，把田园都荒芜了。既然是偶然，便不在人的掌握之中，而踏实的努力绝对可以获得应有的回报。偏偏有人一心想不劳而获，放掉手中掌握的钱，在路上寻找别人可能遗落的钱，这是可悲的。人为何要放弃做一个踏实的人的机会，而去做一个愚昧而可怜的人呢？

第108则
——心静则明，品超斯远

【原文】

心静则明，水止乃能照物；

品超斯远[①]，云飞而不碍空。

【注释】

①品超斯远：品格高超则心志高远。

【译文】

心能寂静则自然明澈，就像静止的水能倒映事物一般；品格高超便能远离物累，就像无云的天空一般能够一览无余。

【解析】

“心”这一器官宜静不宜乱：静能屏息，静能生智；不静则乱，乱则生事。心如“水”，要修得“心如止水”是一种大智慧。心如止水之人，能平静客观面对一切，心灵安恬而清晰，能如实准确地反映身心内外各种错综复杂的现象。心海可泛起涟漪，但不可时时“汹涌”，这就如同平静的水面波澜起伏一般，又哪能如实，不加扭曲地反映岸边的景物呢。我们的心灵不能“心静如水”，说明有外在的“妄想”与“贪欲”作祟，导致本来完整、清晰的智慧变得昏蒙、扭曲，让事实的真相变得镜花水月一般迷离闪烁。所以，我们需要的是一种“雁渡寒潭，物来即现，物去不留”的达观心态，让心宁静安详。“心静如水”与“品格高远”互为观照。品行高洁之人，宁静致远，宛如晴空万丈般心境澄明。吕蒙正是一国宰相，深得宋太宗赵光义的赏识。朝中某官吏家里据说有一面能够照见两百里的“神来古镜”，他想通过吕蒙正的弟弟，把这面镜子赠送给吕蒙正，以博得器重。吕蒙正的弟弟寻找机会，希望把这个事情婉转传达。吕蒙正得知后，微微一笑答曰：“我这张脸，大不过碟子，怎需用照得见两百里的镜子呢？”弟弟闻此言，愧而闭口。闻者皆叹服，内心称赞吕蒙正的清明高远与不为物欲所累的操守，不愧为一代贤人。

第109则
——读书人贫乃顺境，种田人俭即丰年

【原文】

清贫乃读书人顺境，节俭即种田人丰年①。

【注释】

①丰年：米谷收成丰盛的年头。

【译文】

对于读书人来说，清高而贫穷才是适合读书的顺境；而对于农人来说，秉持节俭就是丰收的年头。

【解析】

“未曾清贫难成人，不经打击老天真。自古英雄出炼狱，从一来富贵入凡尘。醉生梦死谁成气，拓马长枪定乾坤。挥军千里山河在，立名扬威传后人”。这一段出自《增广贤文》的话深得人心。清贫是砥砺人前行的最好“动力”，清高以明志，贫寒以谋远。切勿因眼前的窘迫而萎靡，要认识到“千金难买少来贫”，于清贫中砥砺奋发，千锤百炼。

然而，读书人清贫“成气”之后，如何保持高洁的操守？“立名扬威”本是声名赫赫的大成就，但是，“固守根本”，不沦入“醉生梦死”便又成为了值得思忖的命题。常言道“贫者士之常，焉得登枝而捐其本”，就是说，清贫本是读书人的本分，不能登上了高枝，就抛弃了根本的信念，“本分”两字，在这里就是表：不要忘本，要在天理的“分内”行事，悲天悯人，对人对物持有“大爱”。

节俭是良好的美德，种田人家不能保证年年都有丰收，若是平常俭约，而有所积蓄，即使年成歉收，亦能衣食无虞，岂非与丰年无异？倘若不能节俭，日日浪费，即使年年丰收，又何异于年年歉收？所以开源节流，不要寅吃卯粮，那么任何用度都是永远充足的。作为农人而言，躬耕田间，万物由手中萌芽发端，直至获得收成，这种创造和耕耘是神圣而伟大的，天地间的“厚爱”，自会有一种“爱惜”的情怀，所以，“节俭”不仅是一种生活习惯，更是一种品行的外显。

第110则
——讲求正直，莫入浮华

【原文】

正而过则迂，直而过则拙，故迂（yū）①拙之人，犹不失为正直。

高或入于虚，华或入于浮，而虚浮之士，究难指为高华。

【注释】

①迂（yū）：不通世故，不切实际。

【译文】

做人太过方正则容易不通世故，行事太过直率则显得有些笨拙，不过这两种人还不失为正直的人；自恃清高可能会流于虚浮，追求华美有时会沦为

轻浮，但这两种人到底不能成为真正高明美好之人。

【解析】

无论是空洞的理想，或是虚浮的美，都是一种假象，无法带给我们真正美好的事物与发自心灵的赞叹。

“宁可讲求正直，切莫遁入浮华。”凡事切莫矫枉过正，太过正派有迂腐之嫌，而直率过度又显得笨拙不灵，这两种人，缺少的就是“变通”二字。但是，正因为有这两种人的存在，才使得事情的是非曲直有了“公允”而“严格”的分水岭，在大是大非面前，能够不通情面地维护事物的真相，所以，这种做事的风范不失为正直之举。正直而迂拙，所怀抱的还是正直的心，根本上不同于那些只求变通而失正直的人，因此既不可笑，亦不可耻，因为这种人有一颗可敬的心。人若不能外圆内方，宁可外方内方。总不要外圆内也圆，一点脚跟都没有，使世间的一切正直、道德、原则，皆被此等人败坏了。

任何想法总要以能实现为准，若是不能实现，便是虚妄。能履践的想法有一定的步骤可以依循，而虚妄的想法则没有这种次第。这种想法即使再美妙，再高明，也只是空想，一无是处。人都喜欢光彩夺目的事物，但是如果因此而走向无意义的浮华，只重形式而不重内容，那么就失去了根本的精神，这种美便是空洞的美。真正的美是内涵而外现，并非外加的。涉及人性品质，如果有人自恃清高，且在程度上“越界”，那么，流入虚浮就成为定论。浮华而不实，陷入泥淖而不知，在自己圈定的“园地”里孤芳自赏，止步不前，抱着之前的“似锦繁华”沾沾自喜而不自知。这种“虚浮之人”，追根究底，是画地为牢的“短视者”，又怎么谈得上是“高华之士”呢？

第111则
——异端为背乎经常，邪说乃涉于虚诞

【原文】

人知佛老①为异端，不知凡背乎经常者，皆异端也；

人知杨墨②为邪说，不知凡涉于虚诞者，皆邪说也。

【注释】

①佛老：佛教与老子的学说。

②杨墨：以杨朱和墨翟为代表的墨家学说。

【译文】

人们都认为佛家和老子的学说不符合正统的思想，却不知凡是悖于常理的，都不符合正统思想；人们都把杨朱和墨子的学说看成旁门左道，却不知只要内容是荒诞虚妄的，都是异端邪说。

【解析】

佛教与老子的学说，以及以杨朱、墨翟为代表的墨家学说，并非“异端邪说”，只是有其历史背景，在一定历史背景下被视为与正统的儒家思想相抵触。“罢黜百家，独尊儒术”是西汉董仲舒力主的思想，与春秋战国时期的“百花齐放，百花争鸣”局面形成了鲜明的对比。异端的意思并不涉及正确与否，如伽利略的地动说，为当时教会斥为异端，但后来却获得科学的证明，佛老之说，一为宗教，一为思想，原是人们的自由选择与心证，而所以被视为异端，乃是不为社会既有形态及运行方式所接受。世人视佛教为异端，乃是见小乘出世而寂灭，而不见大乘入世而渡生。黄老之为说，在汉初为极重要的养民之道，迥异于后世谈玄论虚者。事实上，真正的异端往往出

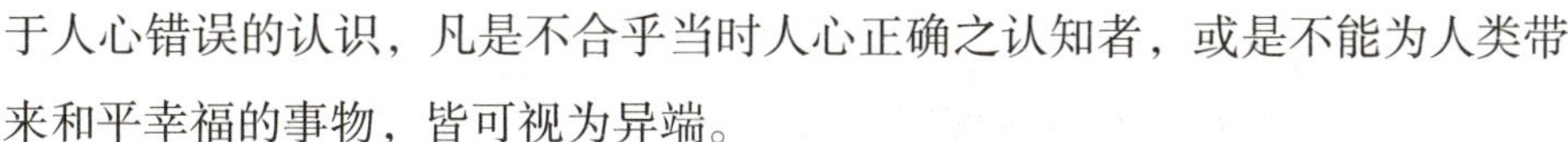

于人心错误的认识，凡是不合乎当时人心正确之认知者，或是不能为人类带来和平幸福的事物，皆可视为异端。

人们在某种程度上容易蒙蔽在“主流思想”的统摄之下，不加分析地确认所谓的“异端邪说”，而对隐匿在身边的真正“背乎经常者”视而不见，或者是对“涉于虚诞者”盲目信服或是追从，这才是真正具有“思想杀伤力”的行为。背乎经常，是与“常理”作愚蠢的对抗；涉于荒诞，同样是与现实世界的理性谬以千里。这些，才是真正应该为人所摒弃的“异端邪说”。

第112则
——亡羊尚可补牢，羡鱼何如结网

【原文】

图功未晚，亡羊尚可补牢；

浮慕[①]无成，羡鱼何如结网。

【注释】

①浮慕：空有羡慕，不加努力。

【译文】

想要有所成就，任何时候都为时不晚，因为就算羊跑了，只要及时补圈，事情还是可以补救的；凭空羡慕是无用的，希望得到水中的鱼，不如尽快结网。

【解析】

任何事只要去做，都没有太晚的时候，只怕无心去做无改进之心。晚做总比不做好，能改总比不改好。天无绝人之路，人之言晚言绝，乃是自晚自绝。人能及者，己亦能之，事在人为，就看有没有付出相当的努力。否则，徒然站在池边看鱼，流尽江水亦是枉然。任何杰出的人物都有一个共同的特质，那就是心无旁骛地投入，背后隐藏着不为人知的辛苦，他们做事的目的，就是做好事情本身，所谓世俗的功名，只是顺其自然地水到渠成罢了。即使默默无闻，他们也从中得到了谋求事情本身的快乐，这其实是更深远意境上的一种成功。经济学家张五常早年为了写《佃农理论》，把十几箱原始档案一一分拣完，这份工作也许很多博士都懒得去做。至耄耋之年，他还每周撰写专栏文章，可谓孜孜以求。这种“结网”的精神，才是真正值得我们追求的。

第113则
——道本足于身，境难足于心

【原文】

道本足于身，切实求来，则常若不足矣；

境难足于心，尽行①放下，则未有不足矣。

【注释】

①尽行：完全。

【译文】

大道原本就存在于自己的生命进程中，即便以实实在在的心去谋求，依然会觉得难以把握；外在境遇很难令人心中的欲念满足，倒不如全然放下，那么也就不会觉得不足了。

【解析】

人有天生的良知良能，后天的功夫在于使这些良知良能不受到蒙蔽而显现出来。人皆具有佛性，皆可以成佛，一切修行乃在于使我们见到本来面目。所以才有所追求，其实无上的道理只会被蒙蔽，而不会缺少。禅宗《六祖坛经》中有一则偈语：“身是菩提树，心如明镜台，时时勤拂拭，勿使惹尘埃。”事实上，镜本来是干净的，只是自以为不净而不断拂拭。世人外求，乃是情欲放不下；坐禅求空，乃是佛法放不下。若能放下，外在情欲不能动，内也不求空寂，就如镜之洁净，一无所染，那么还有什么不充足的呢？

人的“贪瞋痴”诸念，宛如一剂迷魂药，让人昏昏然不知所终，情绪被驱逐，行动被蒙蔽，狂热追求之际，也许离设定的目标越来越远，甚至南辕北辙。人心不足蛇吞象，万事万物独有灵，当水波平静之际，或者正可以照见碧影，当心情平息之际，也许智慧就泉涌而至。所以，“放下”二字，简单朴实地给人卸下了“紧箍”，使人凝神观望，对事情了然于心，心境澄明而泰然自若。巧的是，“放下”恰是“得到”的同义词，或许，当一枝花迎风疾摆之际，是赢不来一只蜜蜂的，而也许在明媚温暖恬静处，就吸引来了百蜂酿蜜的佳境。

第114则
——读书要下苦功，为人要留德泽

【原文】

读书不下苦功，妄想显荣①，岂有此理？

为人全无好处，欲邀福庆，从何得来？

【注释】

①显荣：显达荣耀。

【译文】

读书不下苦功夫，却非分地想要显达荣耀，天下哪里有这种道理呢？做人对他人毫无一点儿好处，却妄想得到福分和喜事，这些福分又能从哪里得来呢？

【解析】

读书是一种内在的需求。喧嚣尘世，能于书中博古通今，沉潜下来思考人生，让浮躁无知的心灵得以慰藉，进而明确人生道路，这是人生之幸事。同时，读书也是一种“便捷的流通渠道”，读现代的书就是与同时代的人作精神交谈，读古人的书就是洗礼于古圣先贤的精神遗产，苦读书巧读书，舍弃糟糠，吸取精华，这是人变得智慧豁达的必经之途。一个人的显达，无非是能力比他人强，而能力又由知识而来，既不能下功夫苦读，拓展自己的知识领域，又不能行万里路，增广自己的见闻，想要显达荣耀，纯属空谈。就以现代而论，社会上哪一种行业不需要知识？无知识而想要成大事立大业，只是痴人说梦罢了。

福庆盈门，全靠厚德所积。假使一个人坏事做尽却企图福寿延绵，这必定是悖于常理之事。“种瓜得瓜，种豆得豆”的天理，本是不能忤逆的。“自求多福”乃是端正其心，努力其事，心不妄求，自得其乐。“他求善福”则是与人为善，不与人为恶，因为助人，而得人助。由此可见，无论就现世或非现世而言，福庆皆有原有因，而非平白无故产生的。所以，有因必有果，由果来溯因，为人无好处，终究路难行，这跟“读书不下苦，却妄想显荣”的道理一样。

第115则
——有错即改为君子，有非无忌乃小人

【原文】

才觉已有不是，便决意改图[①]，此立志为君子也；
明知人议其非，偏肆行无忌，此甘心为小人也。

【注释】

①改图：改变方向，变更计划。

【译文】

刚觉得自己有什么地方做得不对，便决心改正，这就是立志成为一个正人君子的做法；明明知道有人在议论自己的缺点，仍然肆无忌惮地为所欲为，这便是自甘堕落的小人行径。

【解析】

君子与小人的分水岭，并不在于聪颖程度与是否犯错，而在于面对错误的态度。一个君子，会主动地反省他的思想和行为，只要有一毫偏差，便能立刻觉察，而加以改正，这就是君子之所以为君子之处。古人讲“人非圣贤，孰能无过！过而能改，善莫大焉”。说明凡人都会做出错误的事情，但是有没有决心去“改”就是评判一个人是否“从善”的标准。

我们说凡事要“慎始”，并不仅是指事情的开始要谨慎，要避免犯错，而是指我们心中的一念一怒，都要加以明辨。事之错可及人，心之错便损己。“一念可以上天堂，一念可能下地狱。”君子自觉改过，并不在于想上天堂或畏下地狱，而在于自己的良心，良心安者，即在地狱亦如天堂。小人之肆无忌惮，不仅为人鄙视，其良心已失，即在人间已沦为禽兽，莫说地狱正等着他去，他的心早已入地狱了。

《左传》里面是这样阐述这个历史故事的：春秋时，晋灵公无道，滥杀无辜，臣下士季进谏。灵公闻过，当即表示知过，且一定要改。士季很高兴，就对他说出了“人谁无过？过而能改，善莫大焉”这一后世流传甚广的千古名言。只可惜，晋灵公没有能够成为“君子”，他言而无信，残暴依旧，最后被臣子刺杀。

第116则
——交友淡如水，寿在静中存

【原文】

淡中①交耐久，静里寿延长。

【注释】

①淡中：指君子之交淡如水。

【译文】

在平淡之中交往的朋友，往往能维持很久；而在平静中度日的人，寿命必定绵长。

【解析】

真正的朋友，就如空气和水一般，能调节我们的心情和身体，达到良好的状况。它是不夹杂任何因素的，是相互了解的，由于这种淡，所以才能长久。早年的薛仁贵，住窑洞，衣衫褴褛，得王茂生夫妻之接济，后跟随唐太宗李世民御驾东征，被封为“平辽王”。文武大臣争相敬献，都被薛仁贵婉谢，他唯一收下的是普通老百姓王茂生送来的两坛清水！薛仁贵喝完三大碗清水之后说：“过去落难全靠王兄弟夫妇经常资助，如今我美酒不沾、厚礼不收，却偏收下清水，因为我知道王兄弟贫寒，送清水也是一番美意，这就叫君子之交淡如水。”“淡如水”是一种淡泊真挚的交往，君子淡以亲，小人甘以绝，因此“彼无故以合者，则无故以离”，君子淡泊而真心地亲近，小人以利相亲而利断义绝，所以，但凡无缘无故而接近相合的，也会无缘无故地离散，只有不含任何功利之心的纯洁友谊，才能长久而亲切。

精神宜静不宜躁，情志保持淡泊宁静的状态，就能神清气爽无杂念烦心，这样一来就能达到真气内存、心神平安的目的。当然，这个理念有现代医学作为根据，因为人在入静后，大脑又恢复到了儿童时代的脑电波状态，衰老暂时得到了“逆转”。所以，人需静养，放慢节奏，一切借以自然，以慢与少为先，少耗阳气，保护阴津，减少能量消耗等，这些其实就是一种“慢生活”的格调。静是指心灵之静。心和身是息息相关的，心静自然气平，百脉调合。所谓心静，便是不逐物，不为欲乱，所以就能延寿。然而身却要动，身动能使筋骨活络。然而这个动并不违背静的原则，因为心还是平静的，只是使平静的身体不至于停滞，这才是生命的活泼的生机。

淡中有真味。“淡”与“真”是不可分的，不加任何调味料煮出来的菜，才是真品。又如空气和水，无色无臭，却是我们日常生活所不可或缺的。而所有的刺激都是反常的，短暂的，就如同烟、酒一般，往往会给我们的身体带来伤害。慢，其实就是静的体现，当然，这种“慢生活”最核心的理念依然是“修身养性”，正如孔子所言，“仁者寿”也。

第117则
——突来熟思审处，衅起忍让曲全

【原文】

凡遇事物突来，必熟思审处，恐贻①后悔；

不幸家庭衅（xìn）起②，须忍让曲全，勿失旧欢。

【注释】

①贻：留下。

②衅（xìn）起：有了瑕隙。

【译文】

但凡遇到突发的事情，一定要深思熟虑地处理，以免事后反悔；家中不

幸起了嫌隙，必须尽量忍让，委曲求全，不要使过去的情感破坏无遗。

【解析】

人是情绪性动物，容易冲动，而冲动恰恰是“魔鬼”，在情绪反应下，极易产生偏颇的判断，凭借第一感觉办事，而一旦“拍板定论”往往又会产生遗憾心理。当然，这并不是说要贻误事情的处置。在快速多变的当代社会，也许时机会稍纵即逝，考虑太多便怠失了最佳的机会，这是一种“过犹不及”的博弈，需要当事人仔细斟酌，该出手时就出手。正如鲍威尔曾经讲过的：在作决策的时候需要在掌握充足的信息才能作出决策。因为信息过少的话，风险太大不好决策，而等待信息充分之际，也许对手已经行动，且逼迫犹疑者被动出局。所谓“急者缓之，缓者急之”，又说，“欲速则不达”，一件事情突然发生，必然不在我们的预料之内，亦非我们所能熟悉与掌握的。因此，若不明白它的因果，而任意为之，很少不出差错的。既然明白它的因果，即使能力尚不足以为之，至少也要把损害降到最低点。所以，做事情要学会把握时机，并且在决策之时多加思考，这样的人才是真正的掌控机遇者。

过分谨慎是要不得的，正如南怀瑾所言：“谨慎是要谨慎，过分谨慎就变成了小气。”同时，合理的谨慎态度也适宜于家庭矛盾的处理，同处屋檐下，

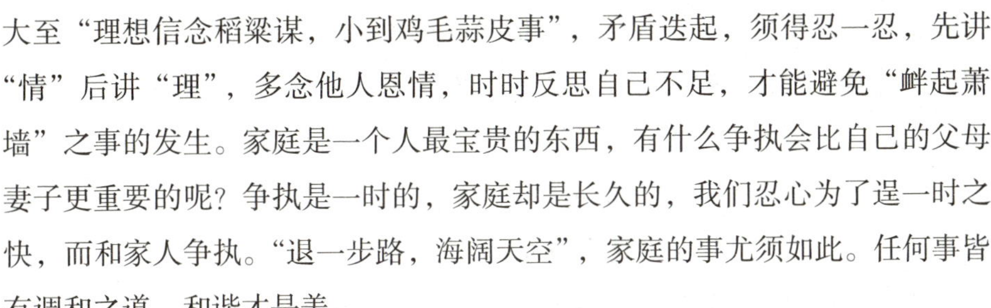

大至“理想信念稻粱谋，小到鸡毛蒜皮事”，矛盾迭起，须得忍一忍，先讲“情”后讲“理”，多念他人恩情，时时反思自己不足，才能避免“衅起萧墙”之事的发生。家庭是一个人最宝贵的东西，有什么争执会比自己的父母妻子更重要的呢？争执是一时的，家庭却是长久的，我们忍心为了逞一时之快，而和家人争执。“退一步路，海阔天空”，家庭的事尤须如此。任何事皆有调和之道，和谐才是美。

第118则
——聪明勿外散，脑体要兼营

【原文】

聪明勿使外散，古人有纩（kuàng）①以塞耳，旒（liú）②以蔽目者矣；耕读何妨兼营，古人有出而负耒（lěi）③，入而横经④者矣。

【注释】

①纩（kuàng）：棉絮，丝棉。

②旒（liú）：冕冠前面下垂的饰带。

③耒（lěi）：耕阅用的农具。

④横经：捧着经书。

【译文】

聪明的人要懂得收敛，古人曾用棉花塞耳，帽饰遮眼的方式，来掩饰自己的智慧；耕种和读书两者可以兼顾，古人曾有日出扛着农具去耕作，日暮手执经书阅读的行为。

【解析】

聪明是天赐禀赋，要使聪明不被聪明误，就要善于“守拙”。黄庭坚曾感慨“多少长安名利客，机关用尽不如君”。熙熙攘攘之世，反倒需要一些

拙守本分的真正聪明人，因为做人的最高境界，大抵就是“抱朴守拙”了。麝因有香身先死，橡树因有胶遭砍伐，虎豹因有彩纹被猎杀，因此人生在世不必太聪明，更不可逞聪明，不仅要藏拙，更要养拙。聪明的人往往心志专一，如果心志不专一，必然听而不闻，视而不见，思而罔然。何况把聪明浪费在无意义的事情上，又岂是聪明人的作为呢？

读书的目的不仅仅是读书本身，而是提升个人修养、谋求经世济民的才能。耕读原本就不相妨碍，反而有相成之效。只耕不读，造成无识；只读不耕，造成文弱。耕所以养身，读所以养心，有耕有读，才是一个有心有力的人。现在的年轻学子要靠打球来锻炼，却未必长久，也无生产可言。倒不如古人寓耕于读，既能天天活动，又可年年生产，来得聪明些。两耳不闻窗外事的所谓“读书”甚为可怕，“读书”“劳作”两相宜，才能格物致知，学以致用，把“知”与“行”真正结合起来，一“活”大脑，二“活”筋骨，这才是读书人真正要恪守的本意。

第119则
——天未曾负我，我何以对天

【原文】

身不饥寒，天未尝负我；

学无长进①，我何以对天。

【注释】

①长进：增长进步。

【译文】

身体不曾受饥寒之苦，这是上天不曾亏待我；假若我的学问无所增长进步，有何颜面去面对苍天呢？

身体的皮囊安稳尚存，不曾被饥寒交迫的窘境压垮，说明老天给予我们生存的环境不是极为恶劣的，尚能安身。那么“安身”之余，就须“立命”，立命之初，务必学有所长，所以，刻苦而专注地学习，是我们“立身天地间”的本分。自古“纨绔少伟男”，多少有志之士在困厄的环境下钝学累功，做出了一番常人难以企及的成就。比如欧阳修，四岁时父亲故去，家境贫寒无钱入学堂，太夫人用芦苇秆在沙地上教他写字，长大后，他便就近到读书人家去借书来读，夜以继日、废寝忘食，终成一代名家。“以荻画地”的典故正是他学有所成的铺垫，这折射的是对学识的敬畏与珍视。读书人，所能贡献的便是他的学问，他的知识，如果尚不能在这方面下功夫，使学问增长进步，社会岂不是白养他了吗？

第120则
——勿与人争，惟求己知

【原文】

不与人争得失，惟①求己有知②能。

【注释】

①惟：只要。

②知：智慧。

【译文】

不和他人去争名利上的成败得失，只求自己谋事之际能增长智慧与能力。

【解析】

得失是“争”来的，还是“赢”来的，可能归根结底是吻合了事情发展的规律而“赢”来的。这是一种大智慧，潜台词是需要人们“积极谋求，安然于得失”。往大处看，名利侧重于外在的短暂利益，而“知能”则是一种内在而长久的智慧。这就告诫俗世凡人，勿要为“眼前小义”而忽略了大处的智慧，不一味争得失的人，才是明德之人，故为人须“从细微处留心，从德义处落脚”。老子的“做人三原则”里面，有两条与此相关：“慈”的原则，能接受各种起落得失，平心则神不乱；“不敢为天下先”的原则，不与人争，不伤肝气，肝健康则生命生机不损，留得青山在，不怕没柴烧。可见，“得失心”太重，恰是一件舍本求末之事。

豁然谋求“知能”，方是人生大“智”。俗话讲“大智知止，小智惟谋，过犹不及，知止不败”，这隐射着处世要“知止，淡得失”，凡事要有度，正所谓“众逐利而富寡，贤让功而名高”也。有“知能”之大智慧，其实是一条庸人与伟人的分界线，这就如同古代传说中的“公道”一样，酒装七成则容纳，过量则神奇般的遗漏殆尽，这预示着得失之间讲究一个度的平衡，该盈者盛之，该倾覆者泄之，唯有“知能之慧”，才能掌控，才能掌控这一神奇的“度量”。

第121则
——为人须有主见，做事应知权变

【原文】

为人循矩度①，而不见精神，则登场之傀儡（kuí lěi）②也；

做事守章程③，而不知权变④，则依样之葫芦也。

【注释】

①矩度：规矩法度。

②傀儡（kuí lěi）：木偶。

③章程：书面订定的办事规则。

④权变：通权达变。

【译文】

如果为人只知道遵循规矩，而不知规矩的精神所在，那么就和戏台上的木偶没有两样；如果做事只知墨守成规，而不知通权达变，那么只不过是依葫芦画瓢罢了。

【解析】

做人办事的最高准则，大抵可以借鉴近代职业教育家、中国民主同盟领袖之一黄炎培先生出世立道的座右铭："取象于钱，外圆内方。"如同一枚铜钱一般，内方外圆，一内一外阴阳互补。所谓内方，指的是做人要有原则，这是做人之本；所谓外圆，指的是具体处事的方法，这是圆融之道。这种"外圆"，一定不是老于世故、老谋深算的"伪出世"哲学，而是指做事的谋略，要在"方"的基础上讲究方法与艺术，善于人谋，张弛有度间分寸在握。这种"圆"，是对"距度"内核精神的一种深层领悟，是活用"章程"的方法，"圆"的最大好处与落脚处，就是更好、更到位地践行章程。

君不见僵守教条太过硬性线条者，不管天资如何聪慧，总会落得个“英雄壮志尚未酬，徒有泪满襟”的局面，这就诚如美国著名人际关系专家卡耐基说的：“一个人的成功只有百分之十五是依靠专业技术，而百分之八十五都依靠人际关系等软科学本领。”此言虽过于绝对，但一语道破了“权变”之必要性，看来内方外圆之原则，中外通用，古今不斥。墨守成规也是如此。天下事纷纷扰扰，不是任何章程所能概括和适用的。只要在不失大原则的前提下，去完成任务，章程原也不过是为了行事方便。每见有人将大部分的时间用在反复讨论如何才能合于章程的会议上，事实上利用这些讨论时间，早可将事情完成了。这就像照着葫芦画葫芦，叫他画个柿子就不会了。其实真正懂得画法和线条的人，有什么不能画的呢？规矩是人订的，一个规矩的订立，必有其意义存在，如果只知道规矩而不知本意，往往本意扭曲了。所谓“礼教吃人”，其罪岂在于礼？实在是死执教条，失去了礼的本来精神。

第122则
——文章是山水化境，富贵乃烟云幻形

【原文】

文章是山水化境①，富贵乃烟云幻形。

【注释】

①化境：变化的景致达到极其精妙之境。

【译文】

文章就如同山水一般，是幻化的精妙境界；而富贵就如同烟云一样，是虚无缥缈的影像。

【解析】

文人为文，言为心声，物我两忘间，情志一览无余地倾泻纸端，这是畅

言心声的一种快意、好的文章，于跌宕起伏间婀娜多姿，或起承转合，或娓娓铺陈，亦如玄妙之山水景观，自然天成又禅机隐伏，更有诸多山水文人，把一生之荣辱感慨寄情山水，写下了诸多的动人篇章。山水是实景，烟云是幻境，山水不移不变，烟云转瞬即逝。以现实的眼光来看，文章既摸不到，也看不到，不如富贵那般，可触可及。然而以山水比文章，烟云比富贵，确是看到了文章和富贵的本质。比如王维在《山居秋暝》中写道“空山新雨后，天气晚来秋。明月松间照，清泉石上流。竹喧归浣女，莲动下渔舟。随意春芳歇，王孙自可留”。松间明月，石上清泉，加上人物的融入，秋夜如此生机而灵动起来，把人带入了宁静的诗境，诗情画意中诗人高洁的情怀隐隐通过文章透射出来。

就时间而言，美好的文章，在数千年后仍能唤起人们心灵的感动，就如山水一般，千年不变。而富贵再长久，亦不过百年，即烟消云散，垣残瓦摧。就空间而言，文章可以纳无尽的山水于一篇，使我们如临胜境，如历耳目。而富贵却只能给我们一方小小的空间，又须费力去维持，不像文章能让人徜徉其中，而自得其乐，甚至体会到无尽的智慧与生命的契机。所以，以山水比文章，烟云比富贵，实在是恰到好处。

第123则
——察伦常留心细微，化乡风道义为本

【原文】

郭林宗①为人伦之鉴，多在细微处留心；

王彦方②化乡里之风，是从德义中立脚。

【注释】

①郭林宗：字林宗，东汉介休人。生平好品题人物，而不为危言骇论，

故“党锢之祸”得以独免。

②王彦方：东汉太原人。平居以德行感化乡里，凡有争讼者，多趋而请教之，以判曲直。

【译文】

郭林宗鉴察伦常的道理，往往在人们不易注意之处留意；而王彦方教化乡里风气，总是以道德和正义为根本。

【解析】

历史上的郭林宗，博学聪颖且洞察世事，他深感东汉政权摇摇欲坠，宦官政治日趋黑暗，预示王朝大厦将倾，大局难以力挽，因此，淡于仕途，视利禄如浮云。这是一种“细微处辨狂澜”的睿智，任何事情的发端，总有端倪可寻，正所谓“不矜细行，终累大德”。如果不顾惜小节方面的修养，到头来会伤害大节，酿成终生的遗憾。伦是一种关系，一种相处之道。君臣、父子、夫妇、兄弟、朋友，是五种人伦的关系。在现代，君臣则是指国家和个人而言。伦必须出之于内心，因此，必须由细微处着手，所谓“诚于中而形于外”，虽有至诚，行之犹恐不及，或不尽合度，何况心有未诚，难免失之乖违。所以，细审内心之至诚，而外不失于细行，方可以敦睦人伦而无所失。

不管是化“乡里之风”也好，还是“立身为人”也好，“德义”二字，颠扑不灭。德义，重在“感化”，是一种精神的浸润与同化，同强权压制的“臣服”有着意义和效果上的不同。王彦方的“德义感化”可谓见效，他因品德高尚而称著乡里。盗牛贼被抓，向牛主认罪，说：“判刑杀头我都心甘情愿，只求不要让王彦方知道该事。”王彦方听说后派人探望，还送给他半匹布，认为此人有羞耻之心。后来，有个老汉在路上丢了一把剑，一个过路人见到后就守候剑旁，直到老汉回来找到遗失的剑。王彦方派人查访守剑人是谁，原来正是盗牛贼！这种“德义感化”，大抵是教人向善的最好途径了。因此，真正感化人的，不以口，而以行；不由外，而由内。

第124则
——骗人如骗己，苦人也苦我

【原文】

天下无憨人[1]，岂可妄行欺诈；

世上皆苦人，何能独享安闲。

【注释】

①憨人：愚笨的人。

【译文】

天下没有真正的笨人，哪里可以任意地去欺侮他人呢；世上大部分人都在吃苦，又怎能独自享受安闲的生活呢。

【解析】

天下没有真正的傻子，既然如此，有谁肯甘心受骗呢？又有谁会连续受骗呢？其实骗人的人才是真正的愚人，因为他已自绝于社会，自毁自己的人格信誉，甚至还要受到法律的制裁。若说世上有愚人，那么除了他还会是谁呢？

“世上皆苦人，何能独享安闲”，世间的苦，有身苦，有心苦。鳏寡孤独病老饿死是身苦，而心苦则非身苦所能涵盖，且为一切痛苦的根源。人间种种苦难，无非起于人心的愚痴，人心的贪欲。人与人相比永远比不完，如果一味盲目追逐，到头来痛苦的只会是自己，倒不如保持一颗清心，视享受眼前生活为最大的幸福。想到有许多人生活在痛苦中，谁又忍心独享奢华安适的生活呢？只要每个人少几分贪欲心、憎恨心、自私心，多几分同情心、亲善心、布施心，这个世界也就会变得更和谐了。

第125则
——弱者非弱，智者非智

【原文】

甘受人欺，定非懦弱[1]；

自谓予智，终是糊涂。

【注释】

①懦弱：胆怯怕事。

【译文】

甘愿受人欺侮的人，一定不是懦弱的人；自认为聪明的人，终究是糊涂的人。

【解析】

“弱者非弱，智者非智”，甘受人欺，说明此人能忍人所不能忍之事，蓄势待发，本身就是“有识见，善谋划”的行为。要知君子报仇十年不晚，时局的转换会让当时的“全身而退”变成“能屈能伸”的佳话。甘受“胯下之辱”的韩信，在无意义的争斗中宁愿受辱，而将其大智大勇之处用在建功立业上，如此看来，他能成为汉朝的开国功臣，绝非偶然。所谓“泥菩萨还有几分土性”，天下没有愿受人欺侮的人，懦弱的人在背后还会讲两句气话。真正打不还手，骂不还口的人，除去无知无觉的人不论之外，大概只有圣人和胸怀大志的人了。

“吃亏是福”，一个有作为的人，宁愿在不断地吃亏中成长，从而变得更加睿智。所以，乐于吃亏是一种自律和大度的境界，是人格的升华，在物质利益上不锱铢必较，在名誉面前不先声夺人，在人际交往中不唯我独尊，这

才是真正的强大。

认为聪明的人，不过是只有几分聪明，却非真正的大聪明。建安时期的曹军主簿杨修，可谓是“聪明反被聪明误”的代表，最后因一根“鸡肋”被曹操诛杀。《三国演义》中一针见血地指出杨修之死与他的“恃才”和“犯曹操之忌”有关。“阔门事件”与“梦中杀人事件”，只有杨修了解曹操的意图，他特殊的才华，其实就是对曹操意图的洞察力，用夏侯惇的话来说，就是“公真知魏王肺腑也”。因此，这个高明的心理专家，在“众人皆醉”之时，却可以“独醒”，让曹操就像被人扒光了衣服一样了无秘密。当杨修再一次从一根“鸡肋”中看出曹操的退兵意图，并毫不顾忌地将之告诉夏侯惇时，曹操终于下了杀意。可怜“聪明”的杨修，看穿了曹操这么多次，却始终没有看出曹操对自己动了杀心，这样的聪明，又何其不是“大糊涂”呢?

第126则
——功德文章传后世，史官记载忠与奸

【原文】

漫夸①富贵显荣，功德文章，要可传诸后世；

任教声名煊（xuān）赫②，人品心术，不能瞒过史官。

【注释】

①漫夸：胡乱地夸大。

②煊（xuān）赫：盛大显赫。

【译文】

只知夸耀财富和地位，也该有值得留给后代的功业或文章才是；尽管声名显赫，个人的品行和居心是无法欺骗记载历史的史官的。

【解析】

持身不正，持心不纯，则富贵权势皆同云烟，“漫夸富贵显荣”者，显然身不正心不纯，故需要在任何情景下，勿忘本心善念，方能稳健居于富贵之境。一个人的富贵显荣，仅及于身；而功德文章，却能泽及后世。仅及于身的事，即使再显达，也不过是一种小把戏，于他人而言，与草木何异？因此，一个人的价值并不是在于富贵显荣，而在于生是否益于世，死是否教于后。中山之生，解三千年之桎梏；孔子之教，开后世平民教育之先声，诚然生命的价值在此而不在彼。

功德文章，两者互为观照，有功德之人，为人端方，为文恣肆之余纯正隽永，观文章无杂芜者，自是功德圆满之人，故可传诸后世。为富不仁，富而不贵，本不是“富贵”的真意境，何况“漫夸”？一个“漫”字，轻浮气息毕现，为人处世之心性跳梁小丑般乍现，此般“富贵”只是空中楼阁而已，虚浮幻影，终究登不了大雅之堂。

历史终归是大浪淘沙的“过滤器”，忠良与邪恶，美与丑，一切都会在历史的过滤器中原形毕露。所谓“声明煊赫”，是一种外在的排场与声势，更多的是一时的喧哗；而“人品心术”，则是内在的品行历经沉淀之后在后人心中的影像，这才是真正值得领扬的精神内核。秦始皇之为帝，声威岂不煊赫？并六国，焚书坑儒，杀人无数，其暴虐岂能逃过史官之笔？声威不过一时，逾时而消；史笔所载千古，无人能瞒。活时能阻悠悠众口，死后又岂能挡千夫所指？声威是外在的，人品心术是内在的，便王莽虚伪过人，亦见真章；即周公死于辅政之时，心不难明。

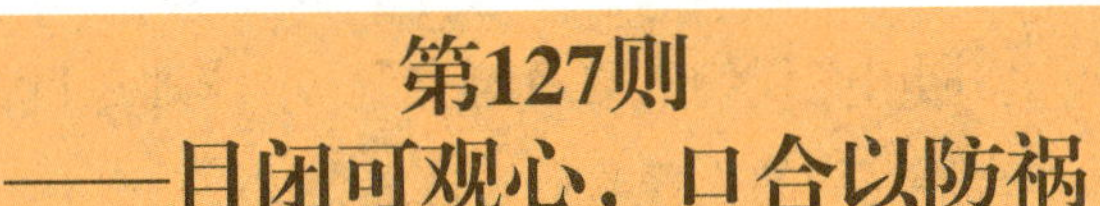

第127则——目闭可观心，口合以防祸

【原文】

神传于目，而目则有胞[①]，闭之可以养神也；

祸出于口，而口则有唇，阖之可以防祸也。

【注释】

①胞：上下眼皮。

【译文】

人的精神往往由眼睛来传达，而眼睛则有上下眼皮，合起来可以养精神；祸事往往由说话造成，而嘴巴明明有两片嘴唇，闭起来则是可以免于闯祸的。

【解析】

这是一则关于“养身”与“养心”的文字。“闭目养神”是一剂养心的药。天下有些事看得，有些事看了徒然扰乱我们的心，这个时候，倒不如把眼闭上，来得清静些。开眼看外界，要能见人所不能见，闭眼是看心灵，要见自之身种种缺失，这些就已经够费神了，哪还有精神去接受五光十色，徒乱心思呢？口耳相传的“眼不见，心不烦”十分有道理，闭上双眸，养目且静心，心静则神安，神安则灾病不生。《内经》有云：“得神者昌，失神者亡。”可见神的盈亏，关系到人的健康，神的得失，又关系到人的存亡，所以，养生先养神，这是根本。

眼目为人的灵窍，人体五脏六腑之精气皆上注于目，故闭目养神时，须要注意放松、入静、顺其自然，这样才能使全身经络疏通、气血流畅，中华文化注重德行标格，孔子和老子两位圣人，尽管人生观大相径庭，但是在“说话”方面，都有相通的主张，即“纳言”。“纳言”，是两位文化大师思想理念的一个交汇点，灌注着他们对社会人生的深入思考，所谓“纳言”，就是主张言语迟缓、简约，说话越少越好。为何要“纳言”呢？因为“御人以口给，屡僧于人”，同时“以约失之者鲜矣”，一味地逞口舌之利常招人讨厌，而约束自己、言语简约的人普遍行为合规、过失较少。

嘴可以为福为祸。该讲的话张嘴便是福，不该讲的话闭嘴便是福，该讲的不讲，不该讲的却讲，那便是祸了。言所以传心，该讲不该讲，要由自己的心来判断。五官的运用是经过选择的，怎样才能达到一种清净无妄的运用，这便在于我们的心了。

第128则
——富贵人家多败子，贫穷子弟多成材

【原文】

富家惯习骄奢，最难教子；

寒士①欲谋生活，还是读书。

【注释】

①寒士：贫穷的读书人。

【译文】

有钱人习惯奢华自大，要教好孩子便成为困难的事；贫穷的读书人想要讨生活，还是要靠读书。

【解析】

“有钱难买少来穷”，少年困窘的生活，是上天赐予的“福分”，穷人的孩子，一般要比其他人经历更多的艰辛与荣辱，更加知道人情冷暖，因此会愈加珍惜生活。富家人教孩子，不如平常人家来得容易。因为富家人过惯骄奢的生活，一来子孙并不觉得读书有什么用；二来外界的引诱多，一旦染上恶习惯，要他读书简直比登天还难。尤其以为富贵是长久的人，认为子孙只要衣食无缺便够了，殊不知这样只养活他的身体，却闷死了他的心灵。所以富贵人家多败子，这和其对教育的态度很有关系。

贫穷的人，往往有诸多的苦难经历，能够渐渐地磨炼一个人的意志品质，让人在社会的大熔炉里增强竞争力，从而崭露头角。读书求知，无疑是“寒士”谋取上升生活的最佳途径，这种“背水一战”的气势，往往气魄惊人，能激活人的潜力。谋取知识和本领，是为人的常态，是一个人安身立命的根本。

第129则
——苟且不能振，庸俗不可医

【原文】

人犯一苟①字，便不能振；

人犯一俗字，便不可医。

【注释】

①苟：苟且，随便。

【译文】

人只要有了随便的毛病，这个人便无法振作了；一个人的心性只要流于俗气，就无药可救了。

【解析】

古人早有论断，“天下独患柔弱而不振，怠惰而不肃，苟且偷安而不知长久之计也”。这说明一切胸无大志、苟且偷安的处世态度，以及僵化保守、不思进取的苟安心理，都是人们应该摒弃的糟粕、一个苟且偷安的人，终日蝇营狗苟，活在鸡毛蒜皮的小事里，又谈何理想与抱负的施展呢？苟且是一种怠惰的心，这和生命到了一种境界，对某些无意义的事情不去计较是不一样的。它是一种生命的浪费，而不计较无意义的事则是生命的精进，是不可同日而语的。苟且又是一种生命的低能，因为他活在生命的最差的糟粕之中，而不知改进。在苟且当中，我们可以断定一个人生命境界的低落、与生命价值的丧失。想“不苟且”自然需要一个锤炼心性的过程；要有明确的意旨，拥有脱俗的胸怀，跳出庸碌不堪的现实表象，在看似平淡普通的生活中发现生命的真谛与精彩，且一以贯之地执行与内化。

所谓俗，指一个人精神的境界不高，甚至无精神生活可言。人活在世上，除了物质的生活，还有精神的生活，然而许多人却只活了一半。只活一半的人，其精神生活是空洞的，这不是别人或是用医药可以治的，必须由他自己的内心去觉醒，去发出要求。物质生活是人类与动物所共有的，唯有精神生活是动物缺乏的，然而许多人却只知追求物质生活而舍弃精神生活，活得像动物而不像人。

第130则
——志不立则功不成，错不纠终遗大祸

【原文】

有不可及之志，必有不可及之功；

有不忍言[①]之心，必有不忍言之祸。

【注释】

①不忍言：发现错误而不忍去指责、纠正。

【译文】

一个人有旁人所不能及的志向，必定能建立旁人所不能及的功业；对人对事若发现错误而不忍心去指责、纠正，那么必然会因为不忍心去说而造成祸害。

【解析】

志不立则功不成，错不纠终遗大祸。人唯患无志，有志无有不成者；人不惧有错，而惧无人规谏过失，终酿大祸。同样是立志，也有大小之分。就像是登山，有的人发愿要登上最高的山，有的人却只想攀上丘陵。有些人怕自己达不到目标，所以选择了小志。其实许多事不去做根本不知道自己做不做得到，何况人的潜力是开发出来的，现在不能，在面对问题时未必不能。所以，在拿破仑的字典中没有“不可能”这三个字，这是他给自己的信心和期许。

不管是陶渊明的“丈夫志四海，我愿不知老”也好，还是曹植的“丈夫志四海，万里犹比邻”也罢，均蕴意着大丈夫理应胸怀广大，有鸿鹄之志、济世之心。这种愿景是一种“老当益壮，宁移白首之心；穷且益坚，不坠青云之志”的气魄，也是“男儿千年志，吾生未有涯”的生动注解。

一时“不忍言”，半生“平祸患”，敢言直谏作为一种高风亮节，源于儒家的政治伦理、道德传统的浸染和塑造，其劝谏之标杆，不得不提明代的“言官”。他们直言谏净，所谓“臣言已行，臣死何憾”也，摈弃其中的愚忠成分，其利国利民的好处不可小觑。由此可见，直言规劝，以“小痛”来祛“大痛”，这是智慧与魄力的体现。比如历史上的嘉靖皇帝，沉溺斋醮青词，不理政事，御史杨爵痛心疾首上书极谏，被下诏狱，备受酷刑仍泰然处之。其他言官冒死声援，虽然付出了血的代价，但终使嘉靖顾忌退让。敢于规劝，公正无私，为大道而直言，正是这种“忍心之言”，才让人避免“不忍言之祸端”。

第131则 ——事当难处退一步，功到将成莫放松

【原文】

事当难处①之时，只让退一步，便容易处矣；

功到将成之候，若放松一着，便不能成矣。

【注释】

①难处：难以处理。

【译文】

事情遇到了困难，只要能够退一步想，便不难处理了；事情将要成功之际，只要稍有懈怠疏忽，便不能成功了。

【解析】

一件事难有人和事两种原因：人的原因是意见不能协调，在这个时候，如果大家能就事情本身的最大利益去看，事情就不难解决了。就事的方面来看，有时难处并不真正的困难，而是把一件事情的解决之途想偏了，不能发现其他可以到达目的地的路。“事当难处”之际，该当退让一步，这种退，不是萎缩畏难情绪，而是“智退”，是对客观环境的一种冷眼淡泊明察心。之所以“难处”，是因为客观阻力业已存在，条件尚不成熟，此时若一味强攻，只会违背客观事物发展规律的“无用功折腾”而非最佳途径。“为山九仞，功亏一篑”倒还无妨，只要提起劲儿，再补上一篑，山总是在那儿等着你。事情却未必会一直在那儿等你。因此一件事要成功，除了要付出努力，愈是接近成功时，愈不能放松，否则“一子之失，全盘皆输”。军旅之事，尤其如此。

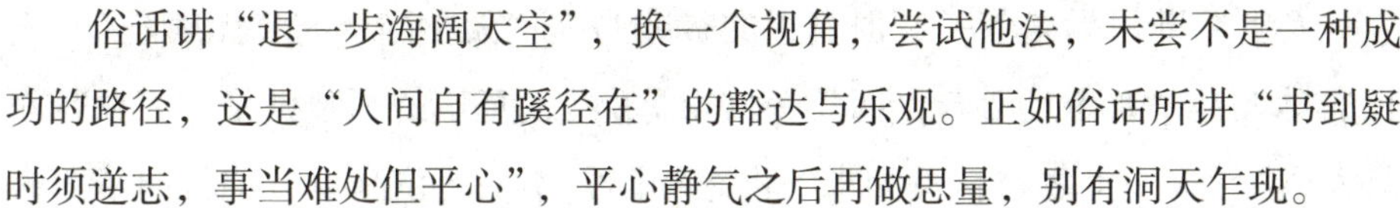

俗话讲“退一步海阔天空”，换一个视角，尝试他法，未尝不是一种成功的路径，这是“人间自有蹊径在”的豁达与乐观。正如俗话所讲“书到疑时须逆志，事当难处但平心”，平心静气之后再做思量，别有洞天乍现。

第132则
——无学为贫，无耻为贱

【原文】

无财非贫，无学乃为贫；

无位非贱，无耻乃为贱；

无年非夭（yāo）①，无述②乃为夭；

无子非孤，无德乃为孤。

【注释】

①夭（yāo）：短命夭折。

②无述：没有值得记叙与述说的。

【译文】

没有钱财不算贫穷，没有学问才是真正的贫穷；没有地位不算卑下，没有羞耻心才是真正的卑下；寿命不长不算短命，没有值得称述的事才算短命；没有孩子不算孤独，没有道德才是真正的孤独。

【解析】

人心不满足，即使富可敌国亦是贫困，由此可见，钱财并不能决定一个人的贫富。没有学问，缺乏心灵世界，即使拥有充裕的物质世界，也不会感到满足。无耻之人不但心地低贱，而且连人都称不上。世上有许多居高位的人较平常人更无价值，因为他无耻。反倒是一些没有地位的人，却能做出高尚的行为。

人生在世，际遇各一，但真正的贫贱乃是“无学问”与“无廉耻”，真正的早夭是“人苟且活着，而无一值得称颂”，真正的孤独则是“无德行而众人离”。求一世之财，莫如求一世之学问，不论地位高下，德行高洁之人一定能汇聚人气，且为后人称道。精神世界是富庶的，不管地位尊卑，均能获得世人的称颂，这种人，即便是没有子孙后代承欢膝下，也是内心充盈的。

第133则
——知过能改圣人之徒，抑恶扬善君子之德

【原文】

知过能改，便是圣人之徒；

恶恶①太严②，终为君子之病。

【注释】

①恶恶：前一个“恶”作动词解，指厌恶；后一个“恶”作名词解，指恶事恶人。

②严：激烈。

【译文】

能知道自己的过错而加以改正，那么便是圣人的门徒；攻击恶人太过严厉，终会成为君子的过失。

【解析】

“知过能改”要从两方面来谈，一是知过，一是能改。世人大多自以为是，鲜有自我反省的。在自我反省当中，又要知道什么是对，才能发现自己的错，而加以改正。能改则需要勇气，甚至于毅力。有些人好面子，不肯承认自己的错误。又有些人积习已久，不肯下决心去改，或改之又犯，这都不

能算改。因此，“知过能改”并不是一件简单的事。有些人小过能改，大过却不能改；有些人易改的改，不易改的就不改。所以，能做到凡过必知，凡错能改的人毕竟是少之又少。

“攻人之恶，毋太严，要思其堪受；教人以善，毋过高，当使其可从。”君子教人，不当以攻为能事，而当以改为目的。恶人恶事，因为君子所不容，然而总要思其因，或为是非不明，或为本性蒙蔽，才会如此。若让一恶人自觉其非而改之，即是成就一善人。人皆有善性，君子教导恶人，更要善加诱导。徒事攻击，只会增其偏执，终非社会之福，这便是君子之过而非君子之德了。

第134则
——诗书传家久，孝悌立根稳

【原文】

士必以诗书为性命①，人须从孝悌立根基。

【注释】

①性命：安身立命的根本。

【译文】

读书人必须以诗书作为安身立命的根本，为人要从孝悌上立下基础。

【解析】

古人讲“诗书传家”传达的是“耕读传家久，诗书继世长”这一层传统文化的核心精髓。千百年来，人们达成了共识，那就是“富贵传家，不过三代；诗书传家，继世绵长”，因为诗书传家是以德育人，不会像物质财富一样，一时兴盛一时衰败。读书的意旨就在于知诗书、达礼义，修身养性，以立高德，而“耕读传家”就是本分做人、不废学业，在皓首穷经之际，修

身、齐家、治国、平天下，这是古代人耕读的理想追求，也是当今召唤的时代精神。

《诗经》是生活的记载，《书经》是历史的记录，前者属生活的情趣，后者为知识的累积，所以，古人将《诗》《书》列于经书之首。孔子说："诗三百，一言以蔽之，曰：'思无邪'。"人性本善，无邪即是善。安身立命之本在于扬善弃恶，《诗》既无邪，《书》亦无邪，故能成为读书人处世的根本。

孝是"顺事父母"，悌是"友于兄弟"。能顺事父母则为人必不致违法犯纪，重恩而不背信；能友于兄弟，则为人必善与人处，重义而不忘本。"孝"字推广则为敬事一切可敬者；"悌"字推广则为爱护一切可爱者。做人由最基本的孝悌做起，自然能逐渐推广到"老吾老以及人之老，幼吾幼以及人之幼"的境界。

第135则
——得意莫自矜，为善须自信

【原文】

德泽[①]太薄，家有好事，未必是好事，得意者何可自矜；

天道最公，人能苦心，断不负苦心，为善者须当自信。

【注释】

①德泽：品德、恩泽不厚。

【译文】

自身的品德不高、恩泽不厚，即便家中有好事降临，也未必真是好事。得意的人哪里可以自以为是呢？上天是最公平的，人能苦心劳力，一定不会白费，做好事的人尤其要有自信。

【解析】

《易经》中有这么一句话："德不配位，必有灾祸。"德是一个人的品行历经沉淀之后积攒下来的福报，而财富与其他我们拥有的一切，以我们老祖宗的话来说，就是"物"，就是上文中说到的"好事"。"厚德"方能承载万物，反之则是"德不配位"，意即一个人的德行不配其福报。所以，平素要"积德"，且要"惜福"，德泽不厚的话，即便家有喜事，也会产生"福兮祸之所伏"的后果。

好事降临，往往由有德者居之。如果己身之德不及，且于他人无恩，那么好事之来，未必真是好事，可能在背后隐藏着什么祸苗。因为事起无由，必有不正当的理由在支持，若坦然接受，很可能牵连人祸事中。如何"德配其位"，"为善"必不可少，以王阳明的"心学"凝练成的四句话来说，那便是"无善无恶心之体，有善有恶意之动；知善知恶是良知，为善去恶是格物"。所谓"格物"便是立明本心，为善去恶，知行合一。

天道无非一个"理"字。虽说人事无定，是一个变数，然而也正因为它是一个变数，才可以改变和掌握。一件事的开始，往往万事不足，然而事在人为。只要能下苦心，尤其是行善，条件自然会凑齐的。为善最怕没有信心，任何事情的成功都有其阻碍，没有信心怎么会成功呢？连武训那样的乞丐都能够兴办学校，天下还有什么善事不可为呢？只怕没有这个苦心啊！

“天道”于此处，并非是上天的某种意志，而是事物发展的固有规律，一心光明正大向善之人，重视道德修养，必定左右逢源，苦心劳力鞠躬尽瘁去完成的事业，哪里会受到辜负呢？因此，以“格物”之信念去“为善去恶”，本是人生头等之大事。

第136则
——自大便不能长进，自卑则不能振兴

【原文】

把自己太看高了，便不能长进；

把自己太看低了，便不能振兴①。

【注释】

①振兴：振作兴起。

【译文】

若将自己评估得过高，便不会再求进步；而把自己评估得太低，便会失去振作的信心。

【解析】

不把自己看得太重，其实是一种修养，一种风度，一种高尚的境界；这种达观的处世姿态，是心态上的成熟，也是心志上的淡泊。秉持这种心态为人处世，自是能够知己知彼，克己前进令过于高估自己，实际上会置自己于泥淖，“纸上谈兵”的赵括就是典型——赵括是战国时赵国名将赵奢之子，年轻时研习兵法，谈起兵事来连父亲也难不倒他。后来，他接替廉颇为赵将，在长平之战中只知照搬兵书，不知变通，还自诩精通兵法，结果被秦军大败。看来，为人“自高自大”是大忌，而矫枉过正以致“妄自菲薄”也不适宜。刘鹗在《老残游记》里面调侃云：“天地生才有限，不宜妄自菲薄。”

菲薄一旦沾身，势必消沉低迷，自甘堕落，甚至自暴自弃，这种心理状态宛如一剂“灭火剂”，把心中所有积极的东西都消除在萌芽阶段，使之无法跃跃欲试，死水一般。

有的人有自大狂，有的人有自卑感，这些都是虚像，人应该在一种不卑不亢的心境中求进步。一个人只要有一颗向上的心，他永远可以和其他人在平等的地位上前进，因为他的本质和其他人是相同的，甚至比其他人更要令人嘉许，因为他有一颗上进的心。所以，人的眼光要常向下看，才能发现自己并不是最低的；人的眼光也要常往上看，才会发现自己并不是最高的，人更要看到自己有两只脚，无论现在是高是低，总是可以再往上爬，如此才会永远进步，生命的境界才会更趋完美。

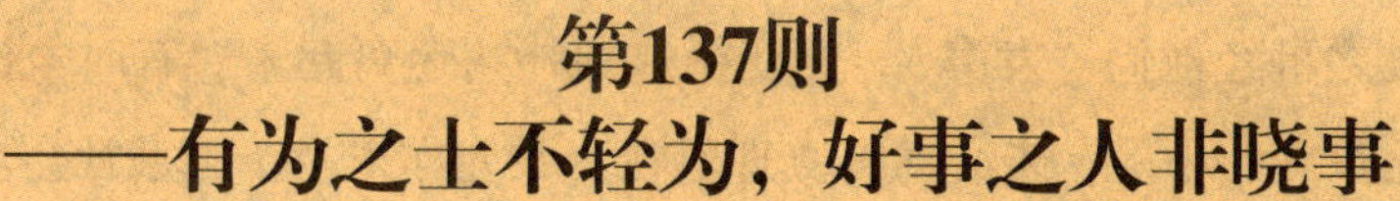

第137则
——有为之士不轻为，好事之人非晓事

【原文】

古今有为之士，皆不轻为之士；

乡党①好事之人，必非晓事②之人。

【注释】

①乡党：乡里。

②晓事：明达事理。

【译文】

自古以来凡是有所作为的人，都不是那种轻率行事的人；乡野之中凡是好管闲事的人，往往是那些什么事都不甚明白的人。

【解析】

古训曰，“有为之士不轻为，好事之人非晓事”。一个有为之人，必定是

“有所不为而有所为”，知道如何取舍利弊、衡量轻重，所以，一般临事之际，都会事前决断，明察事物发展的规律，而不是草草行事，然后惶惶然进行事后补救。“不轻为”体现的是一种沉稳的人性，不冒进不苟且，不贸然不草率，正是因为“不轻为”才能“不为浮云遮望眼”，才能以自身的有用之躯，在有生之年去完成有为之事。“有为”和“不轻为”是一体的两面，这和君子重然诺、不轻易答应事情，凡答应的事一定做到是相似的道理。“不轻为”可解释为不轻易答应一件事，或者不轻易去做一件事。一件事的成功，必定要经过事先的观察，周详地计划，和不懈的实行。如果贸然答应别人，而未考虑自己的能力，到时无法履行。岂不失信于人？有些有为之士，往往都有着“未雨绸缪”的胆识，在张弛有度间运筹帷幄，步步为营，胜券在握。

乡党好事之人的作风，与“稳健不轻为”的做事风格恰好处于处理事情的两个极端。这种人往往是眼高手低的无所事事者，他们奔走游说于乡间，鸡飞狗跳之事经他们“发酵”，便变得愈加扑朔迷离起来。有时争论的只是一些鸡毛蒜皮的小事，未必懂得真理所在，眼光亦未及于国家社会。他们之

所以好事，乃是因为所为皆是小事，而小事易为，所以轻易便可去做。宝珠一颗难求，尘沙万斛易得。有为之士莫不在有生之年，求其可为之事，当然不像乡里好事之徒，逐尘沙而自喜。他们将“好事”等同的是“搅事”，这种搅事之辈，只是把唇舌之间的只言片语作为自己炫耀的资本，来满足内心的匮乏。

第138则 ——勿因噎废食，勿讳疾忌医

【原文】

偶缘[1]为善受累，遂无意为善，是因噎废食也；

明识有过当规[2]，却讳言有过，是讳疾忌医也。

【注释】

①缘：因为。

②当规；应当改正。

【译文】

偶尔因为做善事受到连累，便不再行善，这就好比曾被食物卡在喉咙从此不再进食一般；明明知道有过失应当纠正，却因忌讳而不肯承认，这就如同生病怕人知道而不肯去看医生一样。

【解析】

有人为善而遭到恶人攻击，因为恶人本身就是阻碍，所以他的攻击也是很正常的事。因此为善之初就应该明了这一点，那么才能有足够的勇气以及心情去做善事。行善本无所求，是要让别人欢喜，当别人解除了他的困难而感到欢喜时，自己不也很高兴吗？即使因此而感到疲累，也是值得的。善事本不易为，必须付出心力和劳力。他人有阻碍而你去帮助，即是以你的双手

双肩帮他搬去这个阻碍。在你，自然要感到有些疲累，或者因这阻碍太重而弄伤了自己。如果竟然因此而不再为善，那实在是不明白为善的本意。

过失和疾病一样，如果不加以医治，任它存在，任它扩大，严重时会导致身败名裂，使事情无法进行，就像有些人得了可耻的病，不愿去看医生，而终致全身溃烂而死。星星之火可以燎原，拇指之疾可以致命。任何过失一定要面对它，解决它，使它不再继续下去，危害我们的身心。最可耻的事情在我们决心要改过时，便已不再可耻了。就像脸上写了一个耻字，照着镜子用清水去擦洗，洗干净了也就没了，最怕是不敢照镜子，又不去洗它，结果永远不敢看自己，出门也要遮着脸，而耻字却永远存在。天下没有不能面对的事，就怕自己不敢面对；天下也没有不能改的过，就怕自己不下决心去改。

第139则
——宾入幕中皆同志，客登座上无佞人

【原文】

宾入幕[①]中，皆沥胆披肝之士；

客登座上，无焦头烂额之人。

【注释】

①宾入幕中：旧指进入幕府参与议事的人，后比喻亲近而信任的人。

【译文】

凡被自己视为可信任的朋友而与之商量事情的人，一定是相互竭诚尽忠的人；能够被自己当作朋友在心中有一席之地的人，必然不是一个言行有缺失的人。

【解析】

“宾入幕中皆同志，客登座上无债人。”交友之道，并非以富贵穷达作为标准，而是要志同道合、志趣相投，患难与共。“入幕之宾”四字，常用以形容极亲近的朋友。既为亲近的朋友，必定无话不谈，无事不知，可以推心置腹。“宾入幕中，皆沥胆披肝之士”，无非表示能够引为知己，肝胆相照的朋友，一定是相互能竭诚尽忠的朋友，否则便不足以称为知己。反过来说，即是“惟沥胆披肝之士，方足为入幕之宾”。“幕”是幕僚的意思，就谋事言，凡是参与计划、决策的人，岂能有不竭诚尽忠的？《后汉书》里记载了“范张鸡黍”的故事——东汉时期，山阳金乡的范式与汝南张劭是京城洛阳太学里的同学，关系特别要好，二人重义守信，有“死友”之称。毕业后范式约定两年后的某月某日去张劲家拜访，转眼约期已到，张劭杀鸡煮黍准备待客，十分守信的范式果然走了几百里地登门拜访，张家感动不已——这昭示了友人之间虚怀若谷的情怀与彼此间的深情厚谊，友人于心头，没齿不忘，惺惺相惜。

交友之道贵在相知，不可不择人以托事，值得在心头“客登座上”之人，必定是君子之交。唐朝贺兰进明在《行路难》中慨叹“人生结交在终始，莫为升沉中路分”，说明人这一辈子结交朋友，须得要始终如一，千万不能为了中途的升迁或落魄而分道扬镳。

我们称一个人杰出，常常说“头角峥嵘”，因此，人的头额，又可以形容一个人的志气。焦头烂额不仅代表见不得人，亦表示没有志气。“客登座上”不只是外表地位，更是内心的分量。凡是在我们内心能有一席之地的人，一定不是一个毫无志气，甚至品性不良，见不得人的人。君子交友，先择而后交；而小人交友，则是先交而后择。所以，君子寡忧而小人多怨。当下之人，要学会择君子而交，如此方能远离“焦头烂额之祸”，方能君子相惜而取长补短，并于患难间荣辱与共，不因势利而分合颠覆。

第140则
——种田要尽力，读书要专心

【原文】

地无余利，人无余力，是种田两句要言①；

心不外驰，气不外浮，是读书两句真诀②。

【注释】

①要言：重要而谨记的话。

②真诀：真实而不变的秘诀。

【译文】

地要竭尽所用不能浪费，人要全力耕种不可偷懒，这是种田要谨记的两句话；心不能向外奔，气不能向外散，这是读书的两句诀窍。

【解析】

中华民族的“耕种文化”博大精深，儒家强调“使民以时”，不因征发民力而耽误农时；道家提倡“有法无法，因时为业”；墨家讲究“顺四时而行”；阴阳家主张“顺时而发”。这些古代的思想家们都十分重视时令变化，并将根据时令变化而形成的生产生活节律，纳入其统治方略，这说明了“农事”的重要性，因此，种地要“勤”，勤则地可尽其力，地尽其力则物可生，惰则地中杂草生，香花杂之以毒草，秕谷伴之以蒺藜。种田必须充分利用土地，发挥全部的人力，人生又何尝不是如此？生命原本是一块田地，就看你如何去发挥它的效用；倘若偷懒不去耕种，它便是一块荒地；倘若种下香草，收成的便是香草；反之，种下蒺藜，收成的便是蒺藜。如何利用有限的土地，得到最高的收获，正如同以有限的生命，去完成最有价值的事情是一样的道理。而其要言就在“地无余利，人无余力”这两句话上。

读书与做学问，诀窍就在一个“专”字，专则敬，敬则笃，如此才能沉住气、守住心。心不躁动，气不浮泄，才能有所定力，求得书中真意，获得真学问、真本领。“心不外驰，气不外浮”，如果读书时，一心以为鸿鹄之将至，哪里还能专心读书呢？或是读书时，不能沉住气将一篇文章好好看完，才看三个字就要看窗外，再看三个字又想去逛街，这样又怎能将书读好呢？读书首重专心，既不好高骛远，亦不旁骛，沉着气，定着心，才可能通达。否则就像一棵花种了没两天就要移到别处，隔两天又要换其他品种，如此反反复复，竟没有一种花种得成，开得了得。

第141则
——要造就人才，勿暴殄天物

【原文】

成就人才，即是栽培子弟；

暴殄（tiǎn）天物①，自应折磨儿孙。

【注释】

①暴殄（tiǎn）天物：不知爱惜物力，任意浪费东西。

【译文】

识别发现人才并扶持人才，就如同栽培自己的子弟；不知爱惜物力而任意浪费东西，自然使儿孙未来受苦受难。

【解析】

人的天资禀赋各异，善于提携困窘之中的后生，是“善不必由己出”的高尚品质。一个真正的人才得之不易，然而亦须有适当的教育和培养。有的人天生禀赋良好，却得不到适当的环境和培植，竟而荒废了他的才能，这是十分可惜的。自己的儿孙有时不见得资质卓越，若是能将花在自己子弟身上的心力，兼及一些有才而无良好环境的晚辈，将来成功的，也许反倒是这些禀赋好的孩子。当年，左光斗召史可法拜见其夫人时说：“吾诸儿碌碌，他日继吾志事，惟此生也。”可见，左光斗对幼时贫穷卑贱的史可法是何等器重！史可法住在穷巷子里侍奉父母之际，左光斗担任督学，童生考试时见到史可法。光斗认为可法是个奇人，对他说：“阁下不是普通人，以后的名声地位肯定在我之上。”于是坚持让他到自己的官邸读书，并且经常资助其父母的生活。某风雪交加之夜，左光斗晚归进到可法房间，见他伏在桌上小睡，于是脱下外衣悄悄给他披上，怜爱之情不亚于对待自己的子弟。左光斗被捕入狱时，史可法已经乡试中举，他挺身而出同反动者正面交锋，并为左光斗收尸装棺。

真正地荫庇子孙后代的，并不是权势或者财富，而是“德荫”，先人暴殄天物，沉溺于犬马声色，日日在醉生梦死之中沉沦，想必子孙后代浸润到的，并不是恩泽，而是戾气。所以，清白持家，一粥一饭当思来之不易，半丝半缕恒念物力维艰，才能教导后人节约用度，悯人惜物。尽管“儿孙自有儿孙福”，但是勿忘“且看源头清水流”，这才是真正地爱护后代，而非“折磨儿孙”。

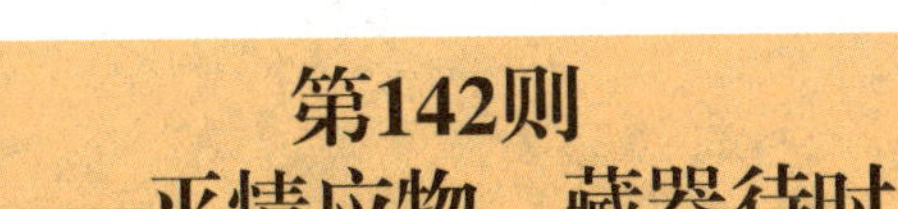

第142则
——平情应物，藏器待时

【原文】

和气迎人，平情应物；

抗心希古①，藏器待时②。

【注释】

①抗心希古：心志高充，以古人自相期许。

②藏器待时：怀才以待见用。

【译文】

以祥和的态度去和人交往，以平等的心情去应对事物；以古人的高尚心志自相期许，守住自己的才能以等待可用的时机。

【解析】

与人交往，若能和和气气，就可以避免许多不高兴的事发生。言语和行为在和气的心情都不会有过分之处，处处给人亲切、和谐的感觉，办事也会更加顺利。因此，只要一个“和”字掌握得好，便是一种最高的交往方式。《增广贤文》里有“父子和而家不败，兄弟和而家不分，乡党和而争讼息，夫妇和而家道兴”的说法，这表明“心和则气平，气平则胸宽，胸宽则合谦，谦恭则处众”，所谓交往之至道，便落脚在一个“和”字之上。和则心静，静则省身，省身则察世，进而抵达“随心所欲而不逾矩”的境界。“和”的精神内核便是“平情应物”，平等之心待万物，激荡之心立事业，正所谓“刻意为文应善变，平情应物不须雕”。古人崇尚“韬光养晦，藏器待时”，调学好本领在先，静候施展之机，恰如《周易·系辞下》所云“君子藏器于身，待时而动”。一个人的才能要能守、能藏，非其时不用。乱世有许多高人隐士即是此理，若迫于奸人之下，岂不是助纣为虐？有才能者如和氏璧，终有成为宝器的一天，怕只怕没有真才，再好的时机也是枉然。

第143则
——今日且坐矮板凳，明天定是好光阴

【原文】

矮板凳，且①坐着；

好光阴，莫错过。

【注释】

①且：暂且。

【译文】

这小小的板凳，暂且坐着吧；人有许多美好的时光，不要让它偷偷溜走了呀！

【解析】

你可曾记得何时坐过矮板凳吗？那可能是童年的事了。那是一段不知“梦里花落多少”的日子，时光好像就在无忧无虑中偷偷溜走了。人生中有多少这种美好的时光呢？在生命中，我们经常会遇到些美好的事物，那时不妨也如儿时一般，坐在矮板凳上，暂时驻足欣赏吧！

板凳甘坐十年冷，文章不著一字空。今日且坐矮板凳，明天定是好光阴。近代历史学家范文澜先生极为推崇做学问的“冷板凳”精神，他认为为人治学的最高境界是“要求神似，最要求不得貌似”，故要静心钻研。所以，为人为文要做到严谨踏实，厚积而薄发。

又言台州知名书画家徐三见先生，他在《默墨斋集》后记中这样写道：

"我乃一介书生，既寡合世务，又鲜入时宜，惟于书中辄多乐趣，为文则苦乐相兼，苦中有乐。"这说明要在任何领域有所建树，在艰苦的环境下驾驭学海之舟是一个必经的过程，这一旅程苦乐参半，做学问如此，做人亦如此。

生命甚短暂，处世如大梦。有道是："一切有为法，如梦、幻、泡、影，如露亦如电，应作如是观。"许多事不必太执着，太想不开，一切只求尽其在我。时光很宝贵，如何使世上的每一个人都放弃争斗心和苦恼心，使人人过着美好的日子，这才是最重要的课题。到那时好光阴不必梦中求，矮板凳也不必且坐着，普天之下无处非花，此花落，彼花开，夫复何求？立身滚滚红尘，灯红酒绿举目皆是，要有所作为就必须守得住内心的"宁静"，躲进小楼成一统，专注于自己的志向与追求，不为外物所累，修炼非凡定力。

第144则
——苟丧良心则为禽兽，舍弃正路则行荆棘

【原文】

天地生人，都有一个良心，苟①丧此良心，则其去②禽兽不远；

圣贤教人，总是一条正路，若舍此正路，则常行荆棘中矣。

【注释】

①苟：假如。

②去：距离。

【译文】

人生于天地之间，都有天赋的良知良能，如果失去了它，就和禽兽没有什么差别了；圣贤教导众人，总会指出一条平坦的正道，如果放弃这条路，

就会走入困难的境地中。

【解析】

孟子指出人有“恻隐之心、羞恶之心、恭敬之心、是非之心”。又说：“人之所不学而能者，其良能也；所不虑而知者，其良知也。”这些都不须向外求取，而是本来就有的，所谓“求则得之，舍则失之。”话剧《立秋》，作为演绎“晋商”题材的典范，讲述了“丰德”票号马洪瀚家族在民国初年时局动荡之时，面临着生死存亡考验的故事。观众在观剧之余感慨最深的是““丰德票号”，的祖训：“天地生人，有一人应有一人之业；人生在世，生一日当尽一日之勤。”顶天立地从商的气概喷涌而出，恪守良心，正道跋涉，彰显了一代普商的风范。禽兽是无恻隐、无羞恶、无恭敬、无是非的，如果一个人无恻隐、羞恶、恭敬、是非这四种人性的基本良知良能，自然和禽兽没有两样。

天地创造出一个生灵，必有其价值所在，为人的最基本价值就是操持其业，恭谨做人。此处的“业”，并非惊天地泣鬼神之大业，而是适合个人享于社会有益之事，“认真对待品德，让自己尽量安心”，这也是衡量道德良心的一把戒尺。上溯到中国上古时代，“仁义”一开始就是道德范畴的用语，“仁”的本义是人与人之间相互爱护，互相帮助；“义”的本义是人与人相互信任，彼此负责，这就是儒家的“亲爱”与墨家的“兼爱”。《周易》则言，“和顺于道德而理于义，穷理尽性以至于命”，这寓意着，不管是我们的私生活，还是社会生活，在天地阴阳之变之间，都要“和顺于道德而理于义”——义中表现“理”，就是理于义；所谓穷理，一定程度上就是穷道德之理。

圣贤教导了我们很多事情，

以仁、义、礼、智、信这五点来说，便是做人的基本原则，如果依着这五点去做，必然事事顺利，前途平坦。反之，如果违背了这些原则，必定处处碰壁，招人唾弃，有如走在荆棘中，不但会把自己刺伤，而且可能无路可走。这是因为圣贤凭其智慧的观照所发出的言论，无一不是人心和事物最正确、最无损的运转原则。舍去这些原则，就如无轮而欲推车一般困难。

第145则
——先天下之忧而忧，后天下之乐而乐

【原文】

世之言乐者，但曰读书乐，田家乐。可知务本业者，其境常安。

古之言忧者，必曰天下忧，廊庙[①]忧。可知当大任者，其心良苦。

【注释】

①廊庙：朝廷。

【译文】

世人说到快乐之事，都只说读书的快乐和田园生活的快乐。看来只要在自己本行工作中努力，便是最安乐的境地；古人说到忧心之处，一定都是忧天下苍生疾苦，以及忧朝廷政事清明。由此可知，身负重任的人，真是用心甚苦。

【解析】

所谓本业，就是自己所从事的工作。做事之乐与不乐，在于本身是否安于这件事上。事实上，懂得工作意义的人能从工作的本身获得快乐，果实只是和他人共享的成果罢了。不管是“世人”之乐，抑或是“古人”之乐，都重在“境地之安乐”。耕读之家的“稼穑之欢”与诗书之家的“书卷之悦”两相并举，犹如展开了一幅画卷，展示了农耕与诗书两相宜的“田园诗话”。

然而，“当大任者”，更是具有一番“先天下之忧而忧，后天下之乐而乐”的胸怀，正如宋代的范仲淹在《岳阳楼记》里反问的一样：“然则何时而乐耶？其必曰‘先天下之忧而忧，后天下之乐而乐’乎。”这种积极砥砺、奋发有为的精神，何等崇高！这也是给予俗世之人的一点儿警示，人本“生于忧患，死于安乐”只有务本，方能守住有生之乐也，如若要担大任，又岂能缺少“天下忧”“庙堂忧”的胸襟呢？“从来好事天生俭，自古瓜儿苦后甜”，择其道，必坚其行，是为亘古不变之真理。

第146则
——人欲死天亦难救，人求福惟有自己

【原文】

天虽好生①，亦难救求死之人；

人能造福，即可邀悔祸②之天。

【注释】

①好生：即上天乐见万物之生，而不乐见万物之死。

②悔祸：不愿再有祸乱。

【译文】

上天虽然希望万物都充满生机，却也无法拯救那种一心不想活的人；人如果能自求多福，就可使原本将要发生的灾祸不发生，就像得到了上天的赦免一般。

【解析】

上天有好生之德，《论语》里也曾有过这样的表述：“大地有载物之厚，君子有成人之美。”这表示“生生之德”是中华文化的基本精神，所谓“生”代表的是一种生命力的蓬勃，其本质是一种生生不息的动态过程，正如天地

有四时一样，人体也有春秋冬夏四个时令，天人合一，以人道来顺应天道，才是构建人与自然和谐统一的应循之道。人在自然之中，具备主体性，积极且蓬勃的生命态势，能让人焕发出生机与魅力，而一旦沦入“万念俱灰”的境况，任凭“天之厚生”也难逆转。所以，不管是“生命”也好，“德行”也罢，最怕的是“自甘堕落”，这等同于陷入万劫不复的泥淖。人的“主体性”，意即主观能动性，还体现在主动造福方面，一个自求多福之人，势必能杜绝灾祸的发生，上天自有客观运行的“天理”，“悔祸”自可发生。造福要“不吝细微”，也就是说不能“勿以善小而不为”，反而言之，祸患要得以避免，最重要的是“慎于小事，防微杜渐”，要知道微风细雨转变成滔天巨浪，有时候需要的仅仅是一种“堕落的惯性”与“加速度”。诚如汉代作家李尤《戟铭》里面所表示的一样：“秉执操持，邪暴是防。须臾之分，终日为殃。山陵之祸，起于豪芒”——大盗由小偷始，堤溃由孔蚁穿，巨灾由微患起，重病由腠理生，皆是一理也，所以，“备戒不虞，绸缪未雨”当为古人给今人留下的善教，可以作为今之警语。福祸往往由人自取，明知为祸而不知趋避，天也救不得；已晓为福而自然去做，或可因善而减免此祸。福祸在天道，天道即在人心，欲得福免祸，惟有由自心中去反省，去自求多福。天道福善祸恶，并非谶语算卜之词，而是事物运作之法则。善本是福路，恶则为祸苗，人事本是如此，福祸在人而不在天。

第147则 ——薄族者必无好儿孙，恃力者忽逢真敌手

【原文】

薄[①]族者，必无好儿孙；薄师者，必无佳子弟，君所见亦多矣。

恃力者，忽逢真敌手；恃势者，忽逢大对头，人所料不及也。

【注释】

①薄：刻薄对待。

【译文】

苛待族人的人，必定没有好的后代；不尊重师长的人，不会有优秀的子弟，这种情形见过许多了。以为自己力气大而以力欺人的，必会遇上比他力气更大的人；而凭仗权势压迫他人的人，也会遇到足以压过他的人，这都是让人始料不及之事。

【解析】

一个对亲人族人都不仁不义的薄情之人，是不会真正地做到“泛爱众”的，这也许只是出于各种考虑，表象上对他人恭敬。所以，当下有一句俗语便是“对待亲人的态度，考验的是一个人真正的人品”。如果连自己的亲戚族人都要苛刻对待的人，可见此人心胸狭窄，毫无爱心，这种人要说他会对社会有所贡献，是不可能的事，他教育出来的儿孙，也难会有善心。

师者，人之模范也，尊师重道才能让知识薪火相传，古语云：“国将兴，必贵师而重傅”，假使一名子弟“薄师轻教”，那么基本可以断定其不会有大的作为。师是启蒙的人，如果连师长都不知尊敬，分明是鄙视知识与学问，这种人的子弟还会好好求学，成为有用的人吗？多半是不学无术之徒。

汉明帝刘庄，是东汉第二位皇帝，贵为天子，仍然恭谨对待老师，博士桓荣是他当太子时候的老师。汉明帝即位后去太常府，依然是请老师坐在东边的方位，叫来文武百官，行师生之礼，甚至探望老师时明帝都是一进街口便下车步行前往，以表尊敬。正因有此风范，明帝在位期间，吏治十分清明。

俗语说："恶人还有恶人磨。"又云："一山还比一山高。"倚仗力气和权势的，难道没有比他更有力气和权势的吗？树太高了还要遭到雷击呢！挡在路上的树还怕没人砍它吗？事实上，狗不挡路人还不去踢它，老虎不吃人还有人要杀它，恃力仗势忽逢真敌手或是大对头，哪里会是偶然的呢？

第148则
——为学不外静敬，教人先去骄惰

【原文】

为学不外静敬二字，教人①先去骄惰二字。

【注释】

①教人：教导他人。

【译文】

求学问不外乎"静"和"敬"两个字，教导他人要让他去掉"骄"和"惰"两处毛病。

【解析】

《大学》之中有谓："知止而后有定，定而后能静，静而后能安，安而后能虑，虑而后能得。"由上可知求学要有所得，一定要先静下心来，然后才能安、能虑、能得。至于敬字，不仅是为学之道，也是做人之道。做任何事首先要培养一颗恭敬之心。譬如学问，若是没有恭敬的心去学它，所学就不会认真，也不会谨严，自然就不会有好处，可见“敬”字多么重要。

“治学”当“四戒”：戒满，满则无求、戒骄，骄则无知；戒惰，惰则无进；戒浮，浮则无深。四者之中，教人戒“骄惰”，是教人者的首要职责，“骄惰习已久，去归岂能田”，凡人一旦陷入骄惰习性就难以自拔了。古往一今来，纵容子弟骄惰淫逸的例子举不胜举。春秋时的卫国国君卫庄公可谓典型，他十分溺爱宠姬生的儿子州吁，纵容他的任性与放荡，听之任之，从不严加管教。卫国的大夫石碏曾经劝告卫庄公说：“据说义亲喜爱孩子，应当用道义来教育他，不要让他走上邪路。骄横、奢侈、荒淫、好逸的恶习，都来自邪恶。这些恶习之所以产生，就是因为父母宠爱得太过分。”遗憾的是，卫庄公没有听从石碏的忠告，州吁变得越来越坏，卫庄公病死后，州吁还杀死了兄长桓公，自立为国君。残暴的州吁篡位不到一年，石碏就联合陈国国君，巧施计谋把州呼杀死了，可见，骄惰之害实在不浅啊！

在教导他人时，若要让对方学到真东西，首先要除去他的骄慢心和怠惰心。因为骄慢则无法再增加，怠惰则无法再学习，若不能除去骄慢心和怠惰心，那么教什么都不可能学好。所以无论学什么，首先要谦虚，承认自己的不懂，接着要勤奋地下功夫学习，如此才会教者喜欢，学者有得。

第149则
——知己乃知音，读书为有用

【原文】

人得一知己，须对知己而无惭①；

士既多读书，必求读书而有用。

【注释】

①无惭：没有愧疚之处。

【译文】

人难得一个知己，面对知己时应毫无可惭愧之处；读书人既然读了很多书，总要将学问用之于世才不枉然。

【解析】

知己难求，但知己的珍贵之处就在于“相知”，思量处，情浓意暖，心之涟漪抚乎之际归于宁静和祥和，这是独属知己之间的一种情怀。人生难得一个知己，伯牙碎琴，岂是偶然？每一个人的心灵都是一张琴，虽然粗糙精致各不相同，然而无论是“下里巴人”或是“阳春白雪”，总会有人听它。能得一个知己是幸运的，许多事不必说他就知道，他熟知你心灵的每一根弦和音性，在你弹出第一个音符时，他已能知道全部。然而，他的心灵曲调你是否也能完全契合呢？你是否会突然弹出俚曲巷词，使得一直以为你是“阳春白雪”的他感到难堪呢？知己的目的在使彼此的心灵相互提升，使彼此的生命互相成长，要像花树的攀条对望，而不要像荆棘的利刺相插，这样才是无愧于心。

人为什么要读书？读书虽然是一种快乐，然而最重要的还是利用它来服务社会，造福人群。而用则要用得其所，若是用之不当，反倒不如毫无学问来得干净。若是已读书，而又有一份耿直的心，则应力求贡献社会，否则弃置不用实在可惜！社会能够进步，最重要的就在“人尽其才”。

第150则
——以直道教人，以诚心待人

【原文】

以直道教人，人即不从，而自反无愧，切勿曲以求容①也；

以诚心待人，人或不谅，而历久自明，不必急于求白②也。

【注释】

①曲以求容：面意迁就以博得他人高兴。

②求白：希求表白自己。

【译文】

以正直的道理教导他人，即使他不听从，只要问心无愧则可，千万不要曲意迁就以迎合他人；以诚恳的心对待他人，他人或者当时有所误会，日子久了自然会明白你的心意，不必急着去向他辩白。

【解析】

教人，当以“直道”，讲的是要以正直的道理来教导与感化，这才是“教育”的目的与意义所在。如若以“曲意逢迎”来纵容，讨好他人，就丧失了“教导”二字的意义。至于被教导之人，是否听从，这取决于对方的认知水准与教导者的方式方法，或者说，时机尚未成熟，尚且任重道远，需要浸染教育多次方能达到效果。但是，总而言之，教导者要做到心态端正，问心无愧，如此则可。曲意来迎合对方，从某种意义上说，并非教导他人，而是姑息他人在错误上一而再再而三地任他发展。

有很多人以为有些事说了也没用，别人反正不会听从，不如不说，其实这是错误的想法。因为人在歧路上是不辨方向的，虽然他也许一时不肯听从

你的劝告，一旦有一天他发现了自己的错误，再想起你的话，往往就能很快地走回正道来。劝告他人的时候，要懂得方法，口气要婉转，最重要的是要使他容易接受。每一个人都有他易于接受的方式，我们可以采取这些方式逐渐引他走向正路。但是，最重要的是自己心中的正道不可失去，否则连自己都迷路了，如何能指引他人走上正确的路呢？我们以诚挚的心对待他人，即使他人对自己一时有不谅解之处，如果事情容易解释，而对方又是明理的人，尽可向对方说明。即使对方始终不能谅解，但是至少自己无愧于心，于人于诚皆无所失，也是可以安心的。

教人当直道，待人以诚心。“诚心”与“善心”是处世的最高法则，也许由于局面的错综复杂性，当事人可能在某种程度上会产生一些误解，这都是不可避免的。但是，时间是一把公正的尺子，清者自清，诚心待人者，自会历久自明，又何须多费口舌和心机来辩解一番呢？所以，此刻抱以博大的胸襟与豁达的气概来处理人与人之间产生的矛盾，大概是最适宜的方式。

第151则
——粗粝能甘，纷华不染

【原文】

粗粝（lì）①能甘，必是有为之士；

纷华②不染，方称杰出之人。

【注释】

①粗粝（lì）：粗服劣食。

②纷华：声色荣华。

【译文】

能够接受粗服劣食而不弃，必然是有作为的人；能够对声色荣华不着于

心的人，才能称作杰出之辈。

【解析】

“粗粝能甘，纷华不染”，这是一种有为之名士风节。有志之人，耐得住清寒，在他们的意境中，粗茶淡饭不足为耻，丰衣足食不足为荣。不厌粗服，可见这个人不好虚名；不弃劣食，可见这个人不贪口欲。这样的人对于名利是不会动心的，在实践圣贤之道上阻碍自然就少。宋儒汪民曾说：“得常咬菜根，即做百事成。”能嚼得菜根，便是能吃得下苦，在实现自己的理想上，必能脚踏实地去完成，而成为一位有为之士。所谓“无欲则刚”，刚者则能直道而行。宋代，诗人黄庭坚在《四休导士诗序》中写道：“钱粗茶淡饭饱即休，补破遮寒暖即休，三平二满过即休，不贪不妒老即休。”这是何等朴拙淡定的心态，也成了一代贫寒有为之士的精神写照。素淡日子，立志高远；粗茶淡饭，倏然生香。这是一种“粗茶淡饭随缘过，富贵荣华莫强求”的智慧，积极入世奋发作为，宁静出世甘于粗淡。

怎样才算是一个杰出而优秀的人呢？首先他必须能控制自己。一个人如果不能完全掌握自己，那么便容易被环境带动，这就成了境带人，而非人带境。一个人会被环境所带动有两种原因：一种是自己没有完全的自觉，不明白自己该做什么；另一种便是执着于环境的某一点而不能放下，因此只能随着该点而运转。大部分人都执着在嗜欲、爱好，乃至于声色、名利之上。真正能如《华严经》上所说，“犹如蓬花不著水，亦如日月不住空，悉除一切恶道苦，等与一切群生乐”那般，对自己生命所遇的一切都不执着，而能完成自己理想与抱负的毕竟不多，这样的人才是杰出的人。

第152则
——性情执拗不可与谋，机趣流通始可言文

【原文】

性情执拗[①]之人，不可与谋事也；

机趣流通[②]之士，始可与言文也。

【注释】

①执拗：固执乖戾。

②机趣流通：天性趣味。

【译文】

性情十分固执而又乖戾的人，往往无法与之一起商量事情；只有天性趣味活泼无碍的人，才可以与之谈论文学之道。

【解析】

性情执拗之人，坚持成见、不懂变通且冥顽不灵，所以与之谋事经常功亏一篑。这种人往往一意孤行，只相信自己，不相信别人，并且多疑鲁莽。从心理学角度解析，是因为这一类人在认知过程中，难以把客观与主观、现实与假设很好地区分开来，容易将自己这种已有的经验驾驭于现实之上，过分固化，从而执迷不悟。

讨论事情最重要的是不可先有成见，如果心有成见，事情便已无更改余地，那么再谈也是浪费时间。讨论的目的在于使事情更加完善，因此必须虚心地提供意见才是上策。只知依靠着自己的性子去做事，而不顾理性的人，外不能见事情真正的需要，内不能见自己的偏执和缺失，和这种人一起做事，不但于事无益，而且处处碍事，使事情不能活泼运转。

美国心理学家莱昂-费斯汀格在解释这种人的“固执心理”时，认为这是由认知失调导致的人，都会遭遇到信念与现实发生冲突的情况，这种情况一定程度上会导致认知平衡失调，内心不够强大的人往往就会觉得不适，从而通过想办法来恢复心理的平衡。而恢复平衡的方式，一是承认事实，二是找到一个理由来维持平衡，后者就是“固执者”的认知失调。不管日常相处，还是治学交流，都不可有这种“执拗”之习性。清人李渔在《闲情偶寄·词曲上·词采》中就曾经趣味盎然地谈及“机趣”二字：“‘机趣’二字，填词家必不可少。机者，传奇之精神；趣者，传奇之风致。少此二物，则如泥人土马，有生形而无生气。”缺少“机趣”者，思想不灵活，如同“泥人土马”一般，更是僵化呆板的代名词。在孩提时期，大部分人都能欣赏一片云，一朵野花，因为在孩童的心中没有分别取舍，只有无尽的专注，这就是天趣。等到长大了，便失去了这种天趣，在看世界的时候，心中已无纯然的真，而加入了许多世俗的观念。这时即使要他去写文章，在他的心中已无真正的文章了。因此，唯有能欣赏万物本趣的人，手中无诗而心中有诗，方可以与之谈文论理。

第153则
——世事不必件件能，唯与古人心心印

【原文】

不必于世事件件皆能，惟求与古人心心相印①。

【注释】

①心心相印：心意相通。

【译文】

对于世间种种事情不必样样都知道得很清楚，但是一定要对古人的心意彻底了解而且心领神会。

【解析】

世事纷繁，事事涉足，只会导致事事不精，正所谓“闻道有先后，术业有专攻”。早年的诸葛亮，虽然躬耕于南阳，与世隔绝，但于隆中之时早已熟读兵法且深谙天下之势，他的“军事才能”便算得上是“术业有专攻”，假使他事事尝试，也许就没有日后的“辅佐天下之才能”了。所以，给自己的“特长”把脉，是一门功夫。“琵琶轻扫动人怜，须信行行出状元”，三百六十行，没有高下贵贱之分。不管是“陈尧咨射箭”，还是“卖油翁分油”，好汉不怕出身低，只要专于一事就能熟能生巧，通过长期反复苦练就能达到圣境，这就是现代人所言及的“工匠精神”。这种“工匠精神”与古人的通达思想贯通，灵活而不拘泥，笃信而不死板。

世间的学问太多太杂，要一一学尽是不可能的，况且世间的事物未必件件都值得学，有些事学了反而不好，不如不学；有些事不十分重要，并不需要花太多时间去学。人间的道理，最重要的还是在于人的本身，其余的都只是用法。如果连人的本质都不能掌握，一切学问都是无益。

古人求学问，必从做人开始，所谓“本立而道生”。人对本身的掌握，便是一切学问的根本，人透过对自我的了解，对家庭、社会、人群的了解，然后才能由自我的掌握逐渐扩大，而去掌握、改变他所处的环境。古人往往由修身、齐家说起，然后再谈治国、平天下，这是一切学问的根本。若能与古人心心相印，不失根本，再去学一切经世致用的道理，才不会走偏，将学问用错，违背了人类真正的需要。

第154则
——人生无愧怼，霞光满桑榆

【原文】

夙（sù）夜①所为，得毋抱惭于衾（qīn）影②；

光阴已逝，尚期收效于桑榆③。

【注释】

①夙（sù）夜：早晚，朝夕。

②衾（qīn）影：《宋史·蔡元定传》：“独行不愧影，独寝不愧衾。”“无渐于衾影”是指独处时没有愧对于心的行为。

③桑榆：比喻暮年。

【译文】

每天早晚的所作所为，没有一件是暗中想来有愧于心的；人生的光阴虽然已经逝去，但是总希望在晚年能看到一生的成就。

【解析】

唐人张说在《齐黄门侍郎庐公神道碑》一文中说：“清明虚受，磊落标奇，言不诡行，行不苟合，游心英俊，门无尘杂。”这种“门无尘杂”之境，便是“无愧于衾影”，走路没有对不起影子，睡觉没有对不起被子，如此光明正大做人，可以问心无愧了。“无愧”可从多方面来说，有无愧于天地，无愧于父母，无愧于妻子儿女，无愧于国家社会，这是就外在而言；就内在而言，就是无愧于心。内外两者，原是一体的两面。由此看来，无愧似乎是很难的一件事。其实，说起来并不难，只要能做到不取非分，其次对人对事尽一己之心，自然也就无可愧之事了。

古人重视“慎独”，一个人独处，在无人监视的情况下，恪守道德准则，严格要求自己，不做亏心事，这是一种境界，再纵深考量，便是对自身的心理活动要警惕，杜绝不好的念头，克服思想缺陷，不受利欲的干扰，表里一致。北齐的刘昼，写下了《刘子·慎独》更是把“慎独”的精神发扬光大，他说：“故身恒居善，则内无忧虑，外无畏惧，独立不惭影，独寝不愧衾，上可以接神明，下可以固人伦，德被幽明，庆祥臻矣。”意思是如果自己常常保持善心，就不会有忧心事，对外部事物也会无所畏惧。

“桑榆暮景”是形容人的老年，所谓“夕阳无限好，只是近黄昏”。桑榆所以晚照，无非早种桑榆，否则阳光照了一天，又何得而美好。因此，要老来无所悲哀，毫无人生徒然之感，必须及早努力。莫要在一日的阴雨之后，连个夕阳也见不着，更别说满天的繁星了。一个人能对父母尽孝，对妻子尽情，对朋友尽诚，对社会尽力，对国家尽忠，对自己尽生命之长，对任何人或任何事都

已尽了心，这样的人即使随时死去，都是清清白白，是最轻松、最快乐的人了。

第155则 ——创业维艰，毋负先人

【原文】

念祖考创家基，不知栉（zhì）风沐雨[①]，受多少苦辛，才能足食足衣，以贻[②]后世；

为子孙计长久，除却读书耕田，恐别无生活，总期克勤克俭，毋负先人。

【注释】

①栉（zhì）风沐雨：形容工作辛苦，借风梳发，借雨洗头。

②贻：留。

【译文】

祖先创立家业，不知受过多少艰辛，经过多少努力，才能衣食暖饱，留下财产给后代子孙。若要为子孙作长久打算，除了读书和耕田之外，恐怕就没有别的了，总希望他们能勤俭生活，不要辜负了先人的辛劳。

【解析】

勤劳总是使人上进，安逸则必定使人堕落。在过去的农业社会，一个家庭的兴起，往往是经过数代的努力积聚而来的，为了让后代子孙能体会先人创业的艰辛，善守其成，所以常在宗族的祠堂前写下祖宗的教诲，要后代子孙谨记于心。老祖宗“春夏耕耘，秋冬收藏，昏晨力作，夜以继日”，勤于农桑事，方创下基业，子孙后代必当躬耕与读书两不误，用俭朴来约束自己，让纯良家风得以保持，让坏事滋长的土壤得以消除。古话讲得好，物用

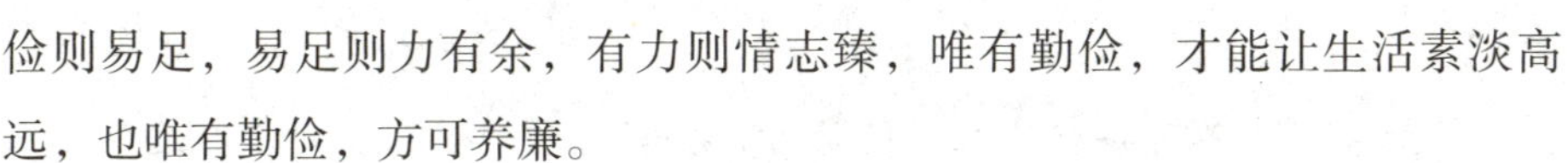

俭则易足，易足则力有余，有力则情志臻，唯有勤俭，才能让生活素淡高远，也唯有勤俭，方可养廉。

“俭朴素淡”大多是家风使然，历史上的司马光俭朴教子，便是典范。作为北宋杰出的史学家，司马光生活俭朴，著述宏丰，“平生衣取蔽寒，食取充腹”，但却“不敢服垢弊以矫俗于名”，经常教诲其子弟曰：“食丰而生奢，阔盛而生侈”，并且，以家书之体撰有论俭约之文，劝诫子女切忌奢侈，要崇尚俭约。他经常循循善诱以告诫其子：“俭，德之共也；侈，恶之大也。”“言有德者皆由俭来也，夫俭则寡欲，君子寡欲则不役于物，可以直道而行；小人寡欲则能谨身节用，远罪丰家。”遵父教诲的司马康以俭朴自律，博古通今，为官造福一方，没有辜负先人的希冀。

为后代子孙着想，在古代无非是要他们读书以明理，耕种以养体，现在又何尝不是如此呢？读书便是使文化不至于堕落，使文明更向前推进。耕种以另一种角度而言，便是去发展我们的经济，使社会不致受贫穷所苦。这些难道不是我们当前重要的课题吗？先人的智慧与教诲，以现代的方式去了解，不是仍然充满着睿智和启示吗？时代固然在变，然而人生的道理和一些基本的原则还是不变的。

第156则
——生时有济于乡里，死后有可传之事

【原文】

但作里①中不可少之人，便为于世有济；

必使身后有可传之事，方为此生不虚。

【注释】

①里：乡里。

【译文】

成为乡里中不可缺少的人，就是对社会有所贡献了；在死后有足以为人称道的事，这一生就算没有虚度。

【解析】

雁过尚且留声，人生岂能无痕？为四里八乡所领首称道者，便是于社会有益了。所谓济世，并不是想象中那么困难的事，有的人以为一定要“赴汤蹈火，在所不辞”才算有为，倒也不尽然。社会中需要大的齿轮，也需要小的螺丝，二者同样是不可缺少的。一个人只要尽一己所能，即使在乡里也能做济世助人的事，服千百人之务虽好，服百十人之务亦佳。就算能力再差，服一己之务也是行的。如果连一己之务也服不了，大概就是那种需要被服务的人吧！能帮助一人，便是替社会解决问题，亦是在替社会减轻负担，济世并不一定非要在大处上着眼。“于世有济”并不是要干出一番惊天动地的大事，而是细小处体现出来的温良与恭谨，涓涓细流终汇大海，又何惧“生前身后事”遭人唾弃呢？大抵这样的人生才丰茂而不至于荒芜呢。苏东坡居士早就吟过“人生到处知何似？应似飞鸿踏雪泥”，人活一世，草木一秋，我们或许不必像哲学家似的探究人生的意义，但是，无论伟大或渺小，能够力求俯仰无愧于心，让他人折服与钦佩，那这一生必定会有不随时光流逝而被人们遗忘的东西。

“可传”是值得传颂的意思。如果一个人一生一无所成，或是恶名昭彰，那有什么值得传颂的呢？“可传之事”首先必然不是恶事，其次是对众人有益的事，至于身后还让人传颂，可见这个益事还泽及后人，否则后人怎会称颂？一个人能在生前受人称颂已算是不虚此生了，何况泽及于后世呢？

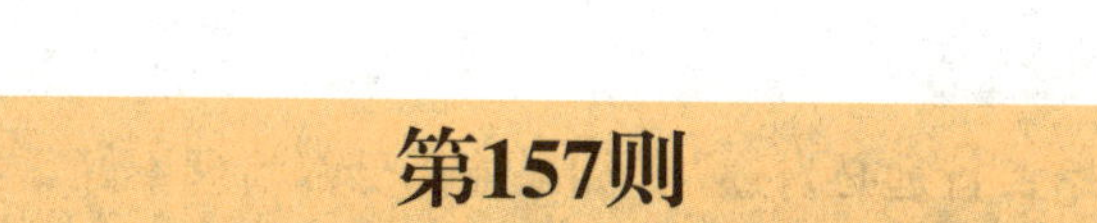

第157则
——齐家先修身，读书在明理

【原文】

齐家[1]先修身，言行不可不慎；

读书在明理，识见不可不高。

【注释】

①齐家：治理家庭。

【译文】

治理家庭首先要将自己治理好，在言行方面一定要处处谨慎无失；读书的目的在明达事理，一定要使自己的见识高超而不低劣。

【解析】

关于“修身、齐家”之说，早在《礼记·大学》篇里就曾有过这样的论述：“古之欲明德于天下者，先治其国，欲治其国者，先齐其家；欲齐其家者，先修其身；欲修其身者，先正其心；欲正其心者，先诚其意；欲诚其意者，先致其知，致知在格物。物格而后知至，知至而后意诚，意诚而后心正，心正而后身修，身修而后家齐，家齐而后国治，国治而后天下平。”

这一段论述，极为精辟，且饶有趣味，先是自上而下演绎，然后又自下而上推理，把“修身”“齐家”“治国”之间的关系分析得环环入扣，且进一步阐述要“修其身”务必要“正其心”，在“正心”的基础上再“诚意致知与格物”，如此一番严丝合缝的“修养”，才能认识万事万物，获得知识，进而修养品性，管理好家庭，再上溯到治理好国家，让天下太平。

尽管“治国”一说，似乎离普通人相去甚远，但“修身”“齐家”却是人人皆需泰然面对的。这里明确了“修身”最基本的环节，那便是要做到言行得体，既不能浮华诡秘，又不能浅薄作态。外在的言行，实则彰显的是内在的素养，谨言慎行表里如一，方是“修身”的根本，且是人人都能学得到的“修身入门术”。

“登高必自卑，行远必自迩”，如果连自己都治理不好，如何能治理一个家庭呢？连一个家庭都管理不好，又如何去管理自己的事业，更别谈服务社会，贡献国家之类的事了。家庭是一个小社会，一个人是否能成事，只要看他的家庭是否和谐和美满就可断言，因为那是他最切身的，连最切身的都弄不好，那么谈其他都是令人怀疑的。而家的完满，主要在自身的修养。如果自己吃喝嫖赌，而想要管理一个家庭，使它幸福，那可说是以斧斫树，欲其开花，根本不可能。

第158则
——积善者有馀庆，多藏者必厚亡

【原文】

桃实之肉暴于外，不自吝惜，人得取而食之；食之而种其核，犹饶生气焉，此可见积善者有馀庆也。

栗实之肉秘于内，深自防护，人乃剖而食之；食之而弃其壳，绝无生理矣，此可知多藏者必厚亡①也。

【注释】

①厚亡：多有取亡之道。

【译文】

桃子的果肉暴露在外，毫不吝啬给人食用，因此人们在取食之后，会将果核种入土中，使其生生不息，由此可见多做善事的人，自然会有遗及子孙

的德泽。栗子的果肉深藏在壳内，好像尽力在保护一般，人们必须用刀剖开才能吃，吃完了将壳丢弃，因此栗子无法生根发芽，由此亦可明白凡是吝于付出的人往往是自取灭亡。

【解析】

“积善之家有馀庆，多藏之辈必厚亡。”活生生的“桃实”与“栗实”的比对，把这道理演绎得鲜活而又深刻。《易经》有过“积善之家，必有馀庆；积不善之家，必有馀殃”这样的表述，其实，这就是“种瓜得瓜，种豆得豆”的因果律，积善之家之所以千秋万代昌盛，是因为子孙后代的慷慨与声誉，不吝啬付出，不计较利益的得失。佛家认为，一切的因缘果报，都是由

自己的心念所感召。后面有什么果，都是你前面所种的“因”所决定的。因此，我们与其为未来担心，还不如坦然面对自己所遭遇的境况，积极地生活在当下，这样才能够幸福快乐。

明朝大文学家方孝孺的《柱铭》篇章里面，也有过类似的表达：“交善人者道德成，存善心者家里宁，为善事者子孙兴”，告诫人们要交良友才能培养自己的好品德，要存心良善才能使家庭安宁和睦，要多做好事才能让子孙兴旺。

第159则
——读书不可知足，接物不可求备

【原文】

求备[①]之心，可用之以修身，不可用之以接物；

知足之心，可用之以处境，不可用之以读书。

【注释】

①求备：追求完备。

【译文】

追求完备的想法，可以用在自身的修养上，却不可用在待人接物上；容易满足的心理，可以用在对环境的适应上，却不可以用在读书求知上。

【解析】

“黄金无足色，白璧有瑕。求人不求备，妾愿老君家。”宋人戴复古在《寄兴》一诗中如此吟诵，从某个角度而言，暗喻不能要求一个人没有一点儿缺点错误，连金子都没有十足之赤，那么世界上又哪来十全十美的人呢？追求完备要看事物而定。就像种花，如果种的花是兰花，当然要求它长得愈美愈佳；若是罂粟，又岂能要它长得太好？物质的需求是永不会满足的，只要过得去也就可以了，欲望本身是一个无底深渊，绝不可能将它填满。至于个人心性的修养，虽然也是无止境的，然而较之物质的追求，一个是走入深渊，渐失光明；一个则要攀登高山，迎向旭日。心性的和悦是长久的，而欲望的刺激是短暂的，究竟何者当追求，何者不宜太过，是十分明显的事。人之欢喜毕竟在心而不在物。

我们在接人待物方面，不能求全责备，只能在修养自身身心方面，孜孜不倦日臻完善。人一方面不能苛责他人，要有“见人有过，如己有过”的胸襟，另一方面要懂得知足常乐。《老子》有云：“祸莫大于不知足，咎莫大于欲得，故知足之足常足矣。”老子告诉我们要克制欲望，懂得只有由满足而获得的富足，才是长久的富足，“故知足之足，恒足矣”，这是老子的大智慧又放到当下，就是今人倡导的“一个快乐主义者首先得有知足的修养，就是古训之‘知足常乐’”。知足之心亦当善于运用，在不好的、恶劣的环境中，要常感满足，如此可以避免怨天尤人，使心境保持平和，在平和中求进步，而不至于失之偏激。但是在求学问的进步上，却永远不可知足。若是太过知足，便无法在知识和智慧上求上进，那么在能力和生命的境界中，都无法做更大的发挥和突破。

第160则
——有守足重，立言可传

【原文】

有守虽无所展布①，而其节不挠（náo）②，故与有猷（yóu）③有为而并重；

立言即未经起行，而于人有益，故与立功立德而并传。

【注释】

①展布：施展，推广。

②不挠（náo）：不庄。

③有猷（yóu）：有谋划。

【译文】

能谨守道义而不变节，虽然对道义并无一推展之功，却有守节不屈之志，所以和有贡献有作为是同等重要的；在文字上宣扬道理，虽然并未以行动来加以表现，但已使闻而信者得到裨益，因此和直接建立事业与功德是同样为人所传颂的。

【解析】

能有操守，能谨遵道义，尽管没有推展道义，但是已经是有所贡献了。这种贡献，体现在以身垂范方面，也体现在守节不屈之志的道义力量上，因为所遵循的道德，其实就是做人的至上规矩，是一种无形的精神财富，在有形无形间调整了社会人之间的关系，也调和了个人与社会之间错综复杂的关系。即使不能使道义大行于天下，至少也要守住最后的一己，一己不失，道义仍有宣扬的一天，否则就十分可悲了。因此能守是十分重要的，因为在暴风雨中不被连根拔起，较之在风和日丽中开花更为艰难。古人云："凡善怕者，必身有所正，言有所规，行有所止。"这说明一个人只有敬畏法纪，才能"慎初、慎微、慎行"，反之目无法纪的话，必然会"迷心智、乱言行、丢操守"。看来，一个谨持操守之人，看似无功，其实恰是平淡处见真功。

文字的力量是伟大的，有时甚至高于事业和功德，因为事业和功德有起

有落，有时而尽，而文字的力量却是无穷的。一个人可能对三千年前某圣贤的文字起了共鸣而付诸实践，然而三千年前的帝国对他却毫无影响。孔子一生述而不作，却使中国诞生了多少仁人志士，圣贤伟人。事业功德仅及于人，文字却能传于心，不受时空的限制，所以立言可以与立德、立功并为三不朽，甚至更有过之。

第161则
——求教殷殷，向善必笃

【原文】

遇老成人①，便肯殷殷求教，则向善必笃（dǔ）②也；

听切实话③，觉得津津有味，则进德可期也。

【注释】

①老成人：年长有德的人。

②笃（dǔ）：深重。

③切实话：非常实在的言语。

【译文】

遇到年老有德的人，便热心地向他求教，那么此人向善之心必定深重；听到实在的言语，便觉得十分有滋味，那么此人要谋得德业的进步也是指日可待。

【解析】

"老成人"指的是"年老有德，深孚重望，堪为人师表"的老者，他们阅历丰富，有着诸多可以请教之处。肯向"老成人"殷殷请教之人，必定有着"见贤思齐"的真心。"见贤思齐焉，见不贤而内自省也"，见到有才德的人，就想着与他齐平，这是一种积极的人生态势。这种好的榜样力量能对自身产生强大的震撼力，驱使自己上进求善。“殷殷求教”本质上就是一种“敏而好学，不耻下问”的学习精神。向善必笃可由“殷殷求教”这四个字见得，所求教的必为自己所未具之善，或是未明之理。而“殷殷”二字可见求教之热烈炙盛，换了平常人，见到老年人能起尊重之心便已不错，能起求教之心更是少见。事实上，善不必在老，也有年轻时，便在德业或学问上有所成就的人，皆是可以求教的对象。重要的是是否具有那颗对道理殷切渴慕之心，有了这颗心，在任何地方都可获得教诲和益处。

古语云“礼闻取于人，不闻取人；礼闻来学，不闻往教”，意思是说“从来只听说礼是从别人那里学来的，没听说过用礼节评判约束别人；只听说礼用于学习，没听说过礼用来管教他人”。“学礼”而听得进“切实话语”是“德义”长进的法宝，假使人人都饶有兴致地放低身段“学礼”，那就不愁天下祥瑞太平了。

能听切实话的人，必已具有实在之耳，方能听得进。有些人你讲你的切实话，他唯恐来不及掩耳，只怕听了你的好话，砸了他的坏事。又有些人听时两眼茫然，右耳进去，左耳出来，或是听时头头是道，明日忘得一干二净，那又有什么用？

第162则
——有真涵养，才有真性情

【原文】

有真性情①，须有真涵养②；

有大识见，乃有大文章。

【注释】

①真性情：至真无妄的心性情思。

②真涵养：真正的修养。

【译文】

要有至真无妄的性情，一定先要具备真正的修养；要写出不朽的文章，首先要有真知灼见。

【解析】

至真无妄的性情，并非恣意妄为的随性，而是在有涵养、有识见的基础之上散发出的一种纯良天性。真性情者，处世低调而谦逊，凡事会以纯真之心对待，对事物充溢着热情与感动，舒展着人性中的美好与至情至性，从心所欲而不逾矩。

人生下来，性情本是至真的，纯然无杂的。然而在成长的过程中，外界的环境未必如此纯然无杂，因此，原本至真的性情，便逐渐淹没而不显。等到成长以后，经过许多苦乐的感受，才逐渐感到许多选择都非真心所愿，于是反观于心，赶忙将它从尘土中掏出，洗净擦亮，藏之于怀，再也不让它沾上一点灰尘。有真性情与大识见，方能作出大文章，梁任公先生早就说过，“学术乃天下之公器”，反映的是一个社会的良心，所以，为人为文，一则要保持好奇心与公允心，一则要有青灯长卷、长困故纸堆的魄力。所谓学者，要能“究天人之变，通古今之术”，有一颗崇高真实的心，能“为往圣继绝学，为来世开太平”，所以，凡作传世之文者，必先有可传之心。

有大识见，方能“世事洞明皆学问，人情练达即文章”，所以，文人要走出书斋，“闭门觅句非诗法，只是征行自有诗”，宋人杨万里的箴言实在可鉴。因为文章是时代前进的号角，最能反映和引领一个时代的风气，若作者没有大视野，如何能让“文变染乎世情，兴废系乎时序”呢。所以，最能春风化雨、润物无声般地写出“大文章”者，往往是那些热爱生活，体恤民情，有真性情与真涵养的有识之士。文章由见识而生，在于它的内涵，而不在文字上的巧妙。伟大的文章，往往足以导引吾人生命的取向，乃至于人类的未来，前者须对生命有大认知，后者须对人类有大识见。若无这个大认知与大识见，一篇文章终称不上伟大。

第163则
——为善要讲让，立身务得敬

【原文】

为善之端①无尽，只讲一让字，便人人可行；

立身之道何穷，只得一敬字，便事事皆整。

【注释】

①端：方法。

【译文】

行善的方法是无穷尽的，只要能做到一个“让”字，就人人都可以做得到；处世的道理何止千百，只要能做到一个“敬”字，就能使所有的事情得以整顿。

【解析】

这里讲的是“行善”与“立身”的方法论问题。所谓“方法论”，意即路径，如能把控“让”与“敬”的路径，那么“行善”与“修身”皆可有可循之道也。古人云“谦者，德之柄也；让者，礼之主也”，词句互文见义，表示“谦让就像是高尚道德的基础，是文明礼仪的重要部分”。古往今来，“孔融让梨”“王泰让枣”“尧舜禅让”等典故耳熟能详，懂得“让”的智慧，最能体现出谦谦君子的风度，如果人人都能践行古人的高洁品行，那又怎会出现“争名、争利、争宠、争位”这类斯文扫地的现象呢？“让”可以由两个层面来说，一个是“不争”，另一个是“能舍”。能做到“不争”便不会去与人计较，更不会为了名利而做出不善的事。“不争”虽是消极地“不为恶”，若是人人都能做到，天下便可少去很多不好的事。能不争之后，更要积极地“能舍”，能舍得财物去助人，能舍得知识去教人，能舍得自己的生命去尽忠，能舍得自己的享受去服务人群。因此，为善的重点在一个“让”字，能“让”则百善皆可做得。作为一种人格修养与高尚的品德，“礼让”是人灵魂深处散发出来的芬芳，处世让一步为高，待人宽一分是福，利人是利己的根基，这些话语须得反复品顺方可意会，但却为至理。

“敬”也可以由三个方面来说，一是对人敬，二是对事敬，三是对己敬。对人敬则和气自生，不与人争，而且能相处愉快。对事敬则能尽心尽力，谨慎行事，而不会有亏职守。对己敬则不会做出不敬之事，有亏自己的人格，更会要求自己在道德学问上有所精进，绝不许有一点自我的浪费。因此，处世之道虽多，能做到一个“敬”字，也就能使事事不差，都上轨道了。

第164则
——是非要自知，正人先正己

【原文】

自己所行之是非，尚不能知，安[1]望知人？

古人已往之得失，且不必论，但须论己。

【注释】

①安：疑问词，怎么。

【译文】

自己的行为是对是错，尚不能确切知晓，哪里还能知道他人的对错呢？过去古人所做的事是得是失，暂且不要讨论，重要的是先要明白自己的得失。

【解析】

老子曾经表述“知人者智，自知者明，胜人者有力，自胜者强”，能了解他人的人是聪明人，能了解自己的人是明智的，能战胜他人的人是有力量的，而能够战胜自己的人是更为强大的。“自知者”能够清醒认识自身，这是最聪明且难能可贵的。“知人”“胜人”十分重要，但“自知”“自胜”更加重要。

一个人倘若能省视自身、坚定自己的生活信念，并且切实推行，就能够保持旺盛的生命力和饱满的精神风貌。人生如同“一杆秤”，称轻自己和称重自己都是不妥当的，只有恰如其分地估量自己，才能公正地感知自我与完善自我，对自己的长短板了然于心，客观揣度自己到底能驾驭人生几何，自知之明，关键在于一个“明”字，故要审时度势，找准人生的支点与方向，

扬帆破浪，即便是在人心浮躁的社会环境中，也要抵御欲望的诱惑，学然后知不足，知不足然后谋进取。如此“吾日三省吾身”，才是正确的人生态势。“好批评”是许多人都有的毛病，然而对自己所行的事情之对错，能十分明了的却不多。一根歪了的柱子，又怎能知道别的柱子是不是歪的呢？人先要知道自己的一切心思言行是否正确，然后才能批评他人。然而能这样反省自觉的人并不多，往往看到别人衣上有一些污点就大声嚷嚷，却不见自己的一张脸全是黑的。

第165则
——仁厚为儒家治术之本，虚浮为今人处世之祸

【原文】

治术①必本儒术者，念念皆仁厚也；

今人不及古人者，事事皆虚浮也。

【注释】

①治术：治理国家的方法。

【译文】

治理国家之所以必定要本着儒家的方法，主要原因在于儒家的治国之道都出自仁厚之心；现代人之所以不如古代人，乃在于现代人做事多存虚浮之弊。

【解析】

一种学说能否运用于社会，往往决定于它是否能使社会得到安乐。治理国家是一种大学说的运用，儒家的学说之所以奉行，在于它的一切思想皆出自一个“仁”字。儒家“以礼治国”的主张，演绎开来就是施以仁政，以德治国，“德治、仁治、礼治、孝治”，方方面面渗透，修人伦树国威，以仁厚

之德来感化人，把各人的内在修为放到了关键位置。儒家的“亲亲”“尊尊”等立法原则也从维护“礼治”、提倡“德治”出发，把“仁治”放到了治国的核心位置，被封建统治者长期奉为正统思想：儒家思想的仁厚之“礼”，用现代的话讲，就是“规矩”，君君臣臣，父父子子，君仁臣义，父子亲夫妇顺这一系列的仁厚“规矩”，用现代话解释就是“各得其位，各守其心，各自扮演好直己的角色”。到了汉代的儒家思想普及过程中，很多社会问题的确因此得到解决，儒家思想倾向于施用“仁政”管理国家的特色更加彰显，且其社会责任感随着时代需要的变化不断完善。

古人凡事讲求实在，有本有源，绝不做一些虚浮无根的事。现代人则不一样，许多事只顾今日不顾明日，只看眼前不看将来。今天才会走，明日便想飞，终日想天外有横财飞来，尽想投机取巧，这便是做事不踏实，尽打高空而不知从根做起。所以今人不如古人，内缺扎实的内涵，外欠确实的作为。

第166则
——大义之忍，并非不怒

【原文】

莫之大祸，起于须臾[1]之不忍，不可不谨。

【注释】

①须臾：一会儿，暂时。

【译文】

再大的祸事，起因都是由于一时的不能忍耐，所以凡事不可不谨慎。

【解析】

行走于社会这一“江湖”之上，我们经常被规劝的一句话便是：小不忍则乱大谋。“忍”是一门很大的学问，只有能够控制自己的人才能忍。忍的首要要求是“冷静”二字，无论任何事情，如果情绪激动，都容易坏事。七情六欲如果太过，都可能造成不好的后果。看来，遇事时稳健的心理状态是一种大智慧，人生境界“修炼”不到位的人，往往为了逞一时之快而乱了大计。人生在世不称意之事时时有，面对外界的不良刺激，人们大抵有两种处置的方式：其一，针锋相对，坚持即刻捍卫自己的尊严；其二，强压心头火，以退为进。其实，这种“忍让”是一种大局为重的心态，以暂时的屈身，换来息事宁人与东山再起。之所以有句俗语叫作“百忍成金”，其实运用的就是一种弹性的前进策略，这是人们修身养性达到的一种境地。

“巧言乱德，小不忍则乱大谋”，古人的最早表述见《论语·卫灵公》篇章，在这里“小不忍”有两层含义：一方面，告诫人们要有忍耐之心，对人对事要包容宽厚，不能意气用事，逞匹夫之勇实际上是愚蠢的行为，因为很多大事功败垂成的关键点恰恰是小事的忍让与保全；另一方面，人们做事要有“狠劲儿”与“干劲儿”，这种忍劲儿是一种决断力，能够当机立断做出抉择定出方向。

第167则
——我为人人，人人为我

【原文】

家之长幼，皆倚赖[1]于我，我亦尝体其情否也？

士之衣食，皆取资于人，人亦曾受其益否也？

【注释】

①倚赖：依靠。

【译文】

家中的老小都依靠自己生活，自己是否体会过他们心中的情感和需要呢？读书人在衣食上完全凭着他人的生产来维持，是否他人也从读书人那里得到些益处呢？

【解析】

这则“夜话”的精妙之处，就在于论述“家长”的职责之后，接下来开始“反话”——读书人的职责：读书人的衣食用度，皆来源于他人的劳动，那么读书人的本分又该如何体现呢？家中长幼对自己的倚赖，并不仅是衣食上，更重要的是情感和精神上。子游问孝，孔子回答说：“今之孝者，是谓能养，至于犬马者，皆能有养，不敬，何以别乎？”这就是讲到精神和心灵的问题。衣食只能满足肉体，而不能及于心灵，要使他们心灵上感到满足，情感上获得幸福，就要靠自己去体会、去了解，更重要的一点，是要知道他们对自己的期望。在行为上要谨慎，不要做错一步，使亲人痛苦。

北宋著名理学家、美学领袖张载的“四为”可谓精辟——“为天地立心，为生民立命，为往圣继绝学，为万世开太平”，此“四为精神”，阐述了

一个读书人务必坚守的社会职责，要为社会重建精神价值，为普通民众引导生命意义，为前圣继承已绝之学统，为万世开拓太平之基业。看来，读书人做到这“四为”，才可真正实现“人亦受其益”也。读书人不事生产，衣食皆是别人努力生产的结果，承受于别人的既多，而能够报答并回馈的，无非是学问。只要能勤奋向学，以学问为济世之本，便是对社会的衣食之恩最好的回报。

第168则
——富贵应读书积德，愚少宜亲贤事长

【原文】

富不肯读书，贵不肯积德，错过可惜也；

少不肯事长①，愚不肯亲贤②，不祥莫大焉！

【注释】

①事长：侍奉长辈。

②亲贤：亲近贤人。

【译文】

在富有的时候不肯好好读书，在显贵的时候不能积下德业，错过了这富贵可为之时实在可惜；年少的时候不肯敬奉长辈，愚昧却又不肯向贤人请教，这是最不吉的预兆。

【解析】

何为真富贵？腹有诗书、行善积德之人，方算真富贵。处于物质富之时而不肯读书，处于权贵之家而不肯行善，这是与“富贵真意”背道而驰的。如果任由奢靡无度的生活发展下去，那么何止只是停留在“可惜”的程度呢，恐怕离祸患已经相距不远了。富有的时候最能提供良好的读书环境，且

不必为生计操心；显达的时候正是可以凭着地位和力量去行善事，造福社会的时候。然而却不知道把握时机去读书，去积德，一旦这些良机消逝了，再想全心读书，多积功德，已是困难重重。所以，人要懂得掌握时机，更要懂得在此种时机中做有意义的事。“及时立功德，身后立光明”，不管是失于“读书行善”也好，还是尚未“事长亲贤”也罢，都是人性衰微的征兆，要及时悬崖勒马。

少年人不肯敬奉父母，甚至忤逆长上；愚昧的人不肯向贤者请教，而刚愎自用，这两者都是极危险的事。因为少年人往往无知，凭其血气之勇行事，若无长辈在一旁敦促，极可能误入歧途，自毁其前程。无知的行为所造成的损害是难以估计的。“盲人骑瞎马，夜半临深池”，摔下去的顶多是自己；若是“盲人开机车，白日闯闹市”，那害死的人就不少了。有些灾害的起因其实就是愚昧，历史上多见例证，造成的灾害和祸患更是无可弥补。

第169则
——五伦为教然后有大经，四子成书然后有正学

【原文】

自虞（yú）廷[①]立五伦[②]为教，然后天下有大经；

自紫阳[③]集四子成书[④]，然后天下有正学。

【注释】

①虞（yú）廷：虞舜。

②五伦：即父子有亲，君臣有义，夫妇有别，长幼有序，朋友有信。

③紫阳：北宋理学大家朱熹，字元晦，一字仲晦，又号晦庵，徽州婺源人。学者称其为紫阳先生。

④四子成书：朱熹集注《论语》《孟子》《大学》《中庸》合称四书。

【译文】

自从虞舜之世创立五伦之教以来，以之教导百姓，此才有不可变易的人伦大道。自从朱熹集《论语》《孟子》《大学》《中庸》为四书，天下才确立了以此为核心的中正之学。

【解析】

“五伦”即古人所谓君臣、父子、兄弟、夫妇、朋友五种人伦关系。几乎包括了世间人际关系的全部，同时也呈现了一个完美的社会生活景象。若是父子有亲，便无忤逆不孝之事发生；若是人人尽忠，国家必能富强壮大；若能夫妇有别，便可减少许多家庭纠纷；若是长幼有序，岂有兄弟阋墙之争；若是朋友有信，何来欺骗巧取豪夺。凡此种种，在四千多年前便已成为教民的大纲，可叹今人弃之如敝屣，言而无信，男女不分，父不父，子不子，背仁忘义，以至于造成社会的混乱现象。孟子认为“君臣之间有礼义之道，故应忠；父子之间有尊卑之序，故应孝；兄弟手足之间乃骨肉至亲，故应悌；夫妻之间挚爱而又内外有别，故应忍；朋友之间有诚信之德，故应善”，这是处理人与人之间伦理关系的准则。五伦之间形成的亲敬关系，自然而然形成了人与人之间的伦理规则，五行顺生，形成了“仁礼信义智”的人世道德巨作。古代开始，就设立序、学校等，“皆所以明人伦也”，目标意在“人伦明于上，小民亲于下”的理想社会。《四书章句集注》集《大学》《中庸》《论语》《孟子》与“五经”于一体，上承经典，下启群学，是代代传授的金科玉律，对中国传统文化的构成不可小觑。朱熹把《大学》视为理学的纲领，而把《中庸》视为理学的精髓，认为《论语》和《孟子》是“以探其本”之学。他说：“学者之要务，反求诸己而已。反求诸己，别无要妙，《语》《孟》二书，精之熟之，求见圣贤所以用意处，佩服而力持之可也。”

《论语》《孟子》《大学》《中庸》四本书，有人或许以为早已过时了，然而如果真正对时代和社会有相当的体认，再回过头来看这些书，才会发现里面充满了真正的道理。

第170则
——意趣清高利禄不动，志量远大富贵不淫

【原文】

意趣[①]清高，利禄不能动也；

志量远大，富贵不能淫也。

【注释】

①意趣：心意志趣。

【译文】

心意志趣清雅高尚的人，金钱和禄位无法改变其心志；志气肚量高远广阔的人，即使身处富贵也不会迷乱心志而隐匿其中。

【解析】

“富贵不能淫，贫贱不能移，威武不能屈，此之谓大丈夫。”此语出自《孟子·滕文公下》。一个心志清雅高尚的人，他心中所爱的绝非是功名利禄之类的事。清是不沾滞，不浊，如果对功名利禄有所爱，就不是清。而高则是不卑，钻营在功名利禄中，便无法做到不卑，清高并不是反对功名利禄，而是不贪爱功名利禄，因为他心中“别有天地非人间”，不是功名利禄所能及得上，所能打动的。某日，有个叫景春的人，对话孟子。他认为战国时魏国著名的说客公孙衍和魏国著名的纵横家张仪，能够“一怒而诸侯惧，安居而天下息”，是真正大丈夫的行为。孟子反驳，认为他们“焉得为大丈夫”，孟子提出的大丈夫标准为——富贵人所羡慕，贫贱人所厌恶，威武人所惧怕，如果一个人能不为三者所动，就表现了一个人坚守节操、大义凛然的高尚品性。

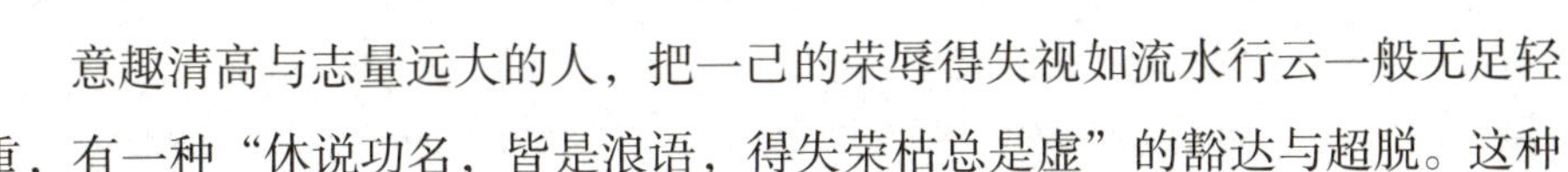

意趣清高与志量远大的人，把一己的荣辱得失视如流水行云一般无足轻重，有一种“休说功名，皆是浪语，得失荣枯总是虚”的豁达与超脱。这种人有着庄子所言“乘天地之止，御六气之辩，以游无穷”的胸怀，能够顺着天地自然的规律，驾驭“阴阳、风雨、晦明”等各种变化，不受时空的限制以求无穷。只有道德清高完善之人，以及精神世界超脱物外的神人，还有修养臻于完善的圣人，才能达到“至人无己，神人无功，圣人无名”，不贪恋功名利禄，随遇而安的“忘我”境界，这也是我们今人应该追求的理想。

一个志向远大，心胸辽阔的人，并不会因为富贵而使他们的场所消失。因为他所追求的不是富贵，所以不会像那些只求富贵的人，一旦得到了富贵，生命的目的也就终止，剩下的只是享受、沉溺、浪费，甚至以富贵做出许多坏事来。志量远大的人，重视的是心中的理想和抱负是否实现。即使再美好的享受，都无法使他忘记心中的理想，而积极地去实践，富贵又如何使他昏聩迷乱呢？

第171则
——势家女公婆难做，富家儿师友难为

【原文】

最不幸者，为势家女作翁姑①；

最难处者，为富家儿作师友。

【注释】

①翁姑：公婆。

【译文】

最不幸的事，莫过于做有财有势人家女儿的公婆；最难以相处的，就是做富有人家子弟的教师和朋友。

【解析】

夫妻关系是否幸福，当然跟长辈的关系相处如何有着密切的关系。给势力人家的女儿当公婆，可谓是大难题；“势家女”容易恃宠而骄，在养尊处优的生活方式下养成了一些不良的习性，可能即便换了生活环境也一时难以适应，反倒矛盾不断。另外，仗着娘家有势，可能处处凌驾其夫，颐指气使，更别说相夫教子了。然而由于娘家的势力，公婆也无可奈何，这岂不是很不幸吗？

做富家儿的老师，也是很难的事。穷人懂得尊师重教，富家则未必如此。因为富家财大气粗，以为学问可用金钱买得，随时可将老师换掉，如此子弟如何能尊师重教。即使教他道理，由于环境富有，可使人分心的诱惑太多，能不夸示金钱的也少，多以为友谊可以买得，或是以金钱轻视他人。做这种人的朋友，不仅要受到一些莫明其妙的侮蔑，同时这种人也往往不易相

处。当然，富家子弟也分两类，一类是知书达理的权贵子弟，另一类则是玩物丧志的纨绔子弟。前者雍容端方，当然不存在难相处的情况，而占据大多数的后者，却是缺乏吃苦耐劳的品行，对“花天酒地，虚浮度日”这一类人让“为师为友”者堪忧，即使有着满腹的经纶与才华，胸怀“食人之俸禄，忠人之教务”之心的老师，也只能凭空受这类子弟之辱，且无可奈何。看来，今人婚配与择友，依然要以德行与价值观为重，择志同道合者，而远“异端”之人。

第172则
——钱能福人也能祸人，药能生人也能杀人

【原文】

钱能福人，亦能祸人，有钱者不可不知；

药能生人，亦能杀人，用药者不可不慎①。

【注释】

①慎：谨慎。

【译文】

钱能为人造福，也能带来损害，有钱的人一定要明了这一点；药能够救人，也能够杀人，用药的人不能不谨慎。

【解析】

“钱”与“药”二字，上至达官贵人，下至苍生百姓，无不与之息息相关。不管是“钱”还是“药”，其本身并不是人们所要追求的，因为它们只是一个“媒介”与“途径”。钱用以谋生谋事业，药用以救死扶伤。钱是一种力量，力量本身并无善恶，就看人如何去用它。用之得当便是善，用之不当便是恶；用之为善便是福，用之为恶便是祸。有钱的人如果将他的钱用来

造福人群，那便是众人之福；若是用来为非作歹，就会害了自己。能明了这一点，有钱之人更应该谨慎地去使用他的钱，倘不能为众人之福，至少也不要为一己之祸。美好生活之媒介，才是这两样东西的真正的内涵。

那么，既然是媒介，“如何利用好金钱”与“对症下药”便是关键了。任何沦为金钱的奴隶与被金钱异化的行为，都是对金钱的不正确态度，这一媒介，既能“福”人，也能“祸”人，俗话讲，物极必反，如果能“正道谋钱，正道花钱”，那么，钱就是获取幸福的某种手段。“药”不光是治疗生理疾病的药，还能引申出“治人劣性之药”，所以，治愈身体理当对症下药，而治愈心灵更需用药得当。

药是用来治病的，有疾固然应当投医，无病也不应该乱用药物。药要对症，一种药治一种病，如果将治脚的药用来医头痛，自然要失灵了。用药也要适量，任何一种药不适量都会有害。微量的砒霜可以治病，过量就会致命，即使是普通的药，使用过量也会造成机能上的损害。

岂止药是如此？任何一种政策乃至于制度也是如此，都不能矫枉过正。宋鉴于前代以武亡国而重文轻武，终致军事力量薄弱而亡国，便是过量的例子。用药不可不慎，这不仅是对医病而言，也是针对一切事情而发。

第173则
——做事身体力行，做事集思广益

【原文】

凡事勿徒委①于人，必身体力行，方能有济；凡事不可执于己，必广思集益，乃罔（wǎng）②后艰。

【注释】

①委：依赖。

②罔（wǎng）：无。

【译文】

不要凡事都依赖他人，必须亲自去做，才能对自己有所帮助；也不要事事只凭自己的意思去做，最好参考大家的意见和智慧，免得后来突然遇到难以克服的困难。

【解析】

“事事皆托”本身就是一种惰性使然，一旦某次“踏空”，其实尝尽苦果的依然是自己。中国古代杰出农学家贾思勰在《齐民要术》里有过这样的警句：“智如禹汤，不如常耕”“几天为之农，而我不农，谷亦不可得而取之”，尽管所言为“农事”，而生活之“人事”，又何尝不是这样的道理呢？人都有“情性”，如果这种“惰性”演变成“惯性动作”，事事皆指望他人，或是明日复明日地推诿，恐怕就积重难返了。同理，做事不可太过刚愎自用，要集思广益，借鉴与过滤他人的得失，方能把握住分寸，这就是所谓“众人拾柴火焰高”。同样借鉴贾思勰的经验便是“采捃经传，爰及歌谣，询之老成，验之行事”。老成之人，有生活的积累，能“验之行事”，这样一来，就能够杜绝我行我素、固执己见的毛病，做到从善如流、博采众长。

第174则
——耕读乃能成其业，仕宦亦未见其荣

【原文】

耕读固是良谋，必工课①无荒，乃能成其业；

仕宦虽称显贵，若官箴（zhēn）②有玷，亦未见其荣。

【注释】

①工课：耕作与读书。

②官箴（zhēn）：对官吏的劝诫。

【译文】

耕种与读书并重固然是个好办法，但总要两者不致荒怠才能成就功业；做官虽然富贵显达，但如果为官而有过失，也不见得是光荣。

【解析】

耕读乃能成其业，仕宦亦未见其荣。这说明，耕读世家尽管是人人敬仰，但是，前提条件是不能徒有表象，要有耕作与读书皆立身于世的本质。耕作与读书，都不能是当下流行的“作秀”，要兢兢业业不辞劳苦地倾力而为。春夏耕耘、秋冬收藏、昏晨力耘的精神不仅适应于“稼穑之事”，同时也适用于“读书之业”，唯有无所荒芜，方能收获其业。读并行固然很好，但是当以读书为重。因为耕为养体，读为养心；耕得好可以养家人，读得好却可助社会。耕食粗劣尚可为人，读不明理却枉做了人，所以说“必工课无荒，乃能成其业”。此业乃是指一生的功业而言。过去乡下有所谓“放牛班”，不重课业而重田业，实在不对，因为读书是争一生，而非争一餐。

做官亦然，登上仕途之人，如若只为功名利禄而谋，必定格局狭小，这

又何以称之为“富贵显达”呢，不过是蝇营狗苟之人中饱私囊的工具罢了。渎职害民不说，长此以往还势必会作茧自缚，留千秋万代之骂名贻羞后世。当官是光荣的事，倘若为官而不清廉，不能为百姓造福，反为百姓祸，就有辱祖先的名声了。或是不能尽忠职守，有负国家重托，只知领工薪，暗中收红包，这样子还不如去挑水肥，至少还能使环境干净些。当官有官品，官品清廉，能为民造福，为国尽忠，即使是小官，也是光荣的事，并不一定是贵显才算是光荣。

第175则
——儒者多文为富，君子疾名不称

【原文】

儒者多文为富，其文非时文也；

君子疾[①]名不称，其名非科名也。

【注释】

①疾：担忧。

【译文】

读书人的财富便是文章多，然而并不是指一些应付考试的；有德的人担忧死后名声不能为人称道，这个名也不是指科举之名。

【解析】

读书立言，当为读书人之本分。所做文章，洋洋洒洒之际，“我手写我心”，抒发一己情怀也好，激扬宇宙真理也罢，字里行间无不激情慷慨，或余音袅袅，或壮志凌云，总之让人阅之有所启迪，且发人深省。而所涉“时文”，尽管有其可取之精华所在，但是，大多数科举应试之文，比如明清时期的八股之文，皆由“破题、承题、起讲、入题、起股、中股、后股、束股”八部分组成，有的作文之人只是按照题意敷衍成文，甚至割裂了经典的演绎，内容空洞无趣，只求形式的华丽，成了一种文字的繁褥游戏。文要如金刚钻，而不要像玻璃珠，要彪炳千古，而不要璀璨一时，真正有价值的文章是可以藏之名山，超越时空，可以让后人读之仍有所得，受到启示和影响，这又岂是科场八股、应酬之词所能够及的？所以，顾炎武有感：“八股之害等于焚书，而败坏人才，有甚于咸阳之郊，所坑者四百六十余人也。”这种所得“功名”，也是不值得人称道的，此类读书人，大多“两耳不闻窗外事，一心只读圣贤书”，为了科举功名，殚精竭虑地钻研八股文的写法，对现实的政治与社会隔着一层“薄纱”，对人情世故一头雾水，一旦一朝为官，就缺乏足够的知识来应付民生大小之事，这种人怎能称得上有德之君子呢。所以，真正的有德之士，不管是在朝或者在野，均能博得人们的敬重与爱戴，即便一生与科举和官场无缘，也会在去世之后让人口耳相传且永垂不朽。

第176则
——八字收放心，八字干大事

【原文】

博学笃志，切①问近思，此八字是收放心的功夫；

神闲气静，智深勇沉，此八字是干大事的本领。

【注释】

①切：切实。

【译文】

广博地吸收学问、保持志向的坚定，且切实向人请教并仔细地思考，这是收回散漫之心专注学问的重要功夫；心神安详，气不浮躁，拥有深刻的智慧和沉毅的勇气，这是做大事所具备的主要能力。

【解析】

《孟子·告子章句上》有这样的表述："学问之道无他，求其放心而已矣。"这说明，要做成学问，"收放心"是关键。其实，孟子的言论还有前后文的背景——孟子曰："仁，人心也；义，人路也。舍其路而弗由，放其心而不知求，哀哉！人有鸡犬放，则知求之；有放心而不知求。学问之道无他，求其放心而已矣。"——这句话的意思是："孟子有感而发，认为人的本心就是仁，人的大道就是义，所以放弃大路不走，丢了本心也不寻找的行为就是悲催的！有的人丢了鸡狗能够去找回来，而本心丢了却无动于衷。学问亦然，不过就是找找本心罢了。"

孟子无疑是个"演说高手"，捭阖纵横之间就把生活中的"鸡狗之事"与"本心"结合起来了，以此来诙谐有趣地告诫人们做学问仅仅需要操守本心罢了。这种本心，无疑就是"博学笃志，切问近思"，博取之，情义笃，多请教、勤反思，这就是做好学问的要害所在。这种"收放心"的功夫，其实就是能够祛除浮躁心态，能够于"神闲气静"之间干成某件事情。干大事必须具有定力。不慌乱，不急躁，在心平气闲中，将一切事物看淡之后才计划、行动。这种定力同时也能给予周围的人安全感和信心。做大事亦需要深广的智慧和沉毅的勇气，若是没有深广的智慧必会临事不决，或行事有误，若无沉毅的勇气，则会当为而不敢为，或是为而躁，这些都是做大事所不允许发生的。只有具备"神闲气静，智深勇沉"的条件，方能称得上具有干大事的本领。否则能力上不足以堪大任，即使有机会，也可能坏事的。事不分大小，不积跬步，无以至千里，只有"智深勇沉"地处理妥当，才能临危不惧、从容不迫地面对一人生中或有形或无形的"强敌"。

第177则
——益友肯规我过，小人必徇己之私

【原文】

何者为益友？凡事肯规我[1]之过者是也。

何者为小人？凡事必徇己之私者是也。

【注释】

①规我：规劝我。

【译文】

哪一种朋友才算是益友呢？凡遇到我做事有不对的地方肯规劝我的便是益友。哪一种人算是小人呢？凡事只会一味地因私利而偏袒自己过失的便是小人。

【解析】

“肯规我之过者”，其实是铮铮铁骨者，敢于在当事者思想一时不能拐弯或者迷失心智之际力挽狂澜，甚至在牺牲自己某些利益的前提下规劝。这是一种何其博大的胸襟！所以，我们要做到“清心明目”，识别生活中的“诤友”与“小人”，不要被花言巧舌而迷失了心性，对敢于力陈其弊的朋友要心怀敬重与感激之情，这样才能做到《孝经》所言“大夫有诤臣三人，虽无道，不失其家。士有诤友，则身不离于令名”。结交益友就不同了，仿佛在风和日丽的日子里走进花园，身上沾的只有花香而不是烂泥，即使跌了一跤，益友也会帮你拭去胸上的泥巴。如此自己不但不会犯下过失，反而会在德行上逐渐进步，走在路上别人只会闻到德行的芳香，而投以赞美的眼光。

“亲诤友，远小人”，因为小人往往以外在的东西作为标准与参照，并且主要以利来衡量，其行事时不按义、不按该与不该，而按有利没利、利多利少来“徇己之私”，这种人是“受物所转”。他们与“诤友”的价值观不同，不能晓以大义，只能动之以利害，正斯谓“君子于事必辨其是非，小人于事必计其利害”。益友和小人的最大不同点，即在益友与自己交往全义为主，而小人和自己交往则以利为主。小人与自己交往既以利为主，若是自己所犯的过失于利有益，即使在义理上说不通，他也是一味地偏袒自己，只怕自己错得不够深，于利无图。倘若和利无关的过失，既然无利可图他也就不说了。因此与小人交往，仿佛黑夜里走烂泥路，就算跌倒了，他也不会扶你一把，等到白天时走在街上，别人都会对你指指点点。

第178则
——待子孙不可宽，行嫁礼不必厚

【原文】

待人宜宽，惟待子孙不可宽[①]；

行礼宜厚，惟行嫁娶不必厚。

【注释】

①宽：放纵。

【译文】

对待他人应该宽大，唯有对待子孙不可太宽大；礼节要周到，唯有在办婚事时不必大肆铺张。

【解析】

有容，德乃大，与人相交不能过于计较，要宽以待人，包容得下一切的善恶贤愚，所以，世人要有一颗宽厚之心，方能容人容己，让生活更加和谐美好。但是，对待子孙后代太过宽厚就沦为了“放纵”之行，“严父出孝子，慈母多败儿”，如果孩子自小恃宠而骄，就会养成很多不良的习性，待及成人后，诸多劣性就难以致正了。

历史上有一个智者叫林退斋，此人福报很好，且子孙后代贤能守矩。他临终之际，孩子们齐聚病榻，请他留下良言让后代们奉行。林退斋说：“别无他言，就是要学会吃亏，待人宽厚，待子弟严苛。”这是何等睿智之语。

长思自身过，莫论他人非，这是一种做人的修养，凡事掌控一个“宽”“厚”之度，则能事事呈现正能量的态势。待人宽厚意即礼节周到，“行礼宜厚”便是也，但这是厚在人情的浓郁与端方，而非奢靡铺张于嫁娶。

人们常说：“礼轻情义重”，可见礼的意义主要是在于情意，倘若情意真切，即使礼物微薄一点也是很重的。所以“行礼宜厚”，并不是物质上的丰厚，而是情意上的丰厚。如果送了厚礼却没有丝毫情意，那么这种礼就失去了意义，不如不送。如果收了，还怕有别的意思在里面，那就麻烦了，送多少礼，并无定则，但总要量力而行。至于婚嫁礼，既已到婚嫁的地步，情意必然已经十分深厚，只要典礼庄严隆重，也就可以了。然而一般人的观念总要大肆铺张，这无非是面子作祟，已经无关乎情意了。结果折腾下来，使得双方亲友反目成仇，这又是何苦呢？

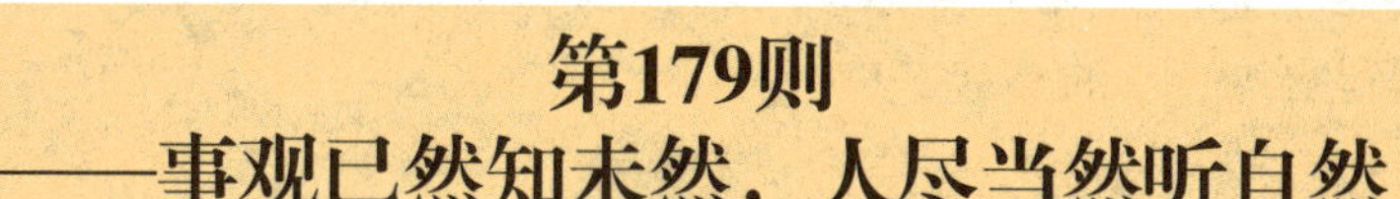

第179则
——事观已然知未然，人尽当然听自然

【原文】

事但观其已然，便可知其未然；

人必尽其当然，乃①可听其自然。

【注释】

①乃：其余的。

【译文】

事情只要看它已经如何，便可推知它未来的发展；一个人要努力做到他的本分，其余的可以顺其自然地发展。

【解析】

人们行事当讲究一个“预图”。南宋的爱国词人辛弃疾一向以豪迈之词示人，但是不为后人熟知的是，他还写过一部军事文章，名曰《美芹十论》，以“有人向同乡富豪赞美芹菜好吃，结果富豪吃了反倒嘴肿闹肚子”的典故为肇端，为国家大计“献芹”，力表所献之物菲薄，但足见诚意。在这“陈述抗金救国，收复失地、统一中国大计”的文章里，辛弃疾呼吁“事未至而预图，则处之常有余；事既至而后计，则应之常不足”的道理。“知已然，再揣其未然”，且“未雨绸缪，防患于未然”，这是智者的行为。

事情的发展犹如一条河流，只要知道它的流向，便可推知未来可能的动态。就如天上乌云密布，那么一场大雨必是不可免的。太阳底下绝无新鲜事，大部分的事都可以借已有的经验来推知。因此只要细心，突如其来的灾害就不会发生。了解未来的目的，就是要对未来可能发生的灾害早做防范的措施。如果对现在的事情进行，都没有一个明确的认识，又如何能对未来作预测，并决定应变之道呢？

“谋事在人，成事在天。”天时地利与人和，皆要掌握手中，但世事存在太多的变化和未知，没有人能把控一切，但只要尽自己能力做到最好，那么离成功总是更进一步的。

第180则
——观规模之大小，知事业之高卑

【原文】

观规模之大小，可以知事业之高卑；

察德泽之浅深，可以知门祚（zuò）[①]之久暂。

【注释】

①门祚（zuò）：家运。

【译文】

只要看规制法式的大小，便可以知道这项事业本身是宏达还是浅陋；观察德被恩泽的深浅，便可以知道家运是否能绵延长久。

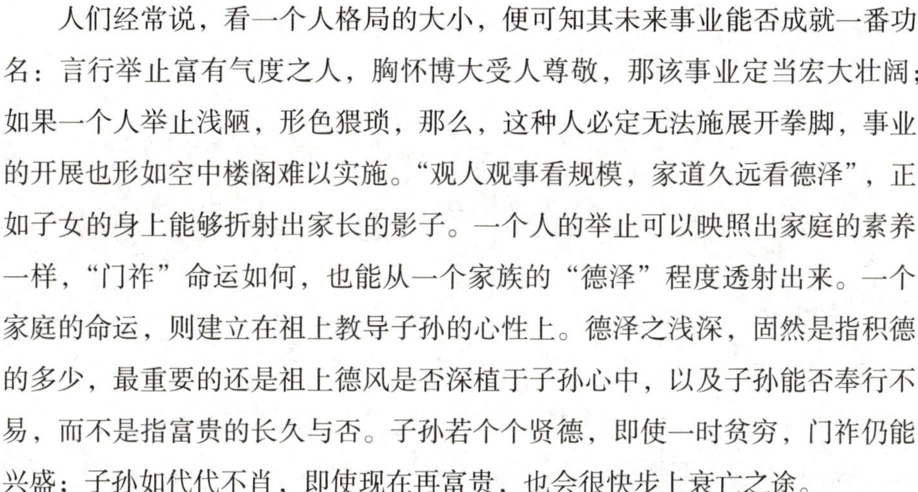

【解析】

人们经常说，看一个人格局的大小，便可知其未来事业能否成就一番功名：言行举止富有气度之人，胸怀博大受人尊敬，那该事业定当宏大壮阔；如果一个人举止浅陋，形色猥琐，那么，这种人必定无法施展开拳脚，事业的开展也形如空中楼阁难以实施。“观人观事看规模，家道久远看德泽”，正如子女的身上能够折射出家长的影子。一个人的举止可以映照出家庭的素养一样，“门祚”命运如何，也能从一个家族的“德泽”程度透射出来。一个家庭的命运，则建立在祖上教导子孙的心性上。德泽之浅深，固然是指积德的多少，最重要的还是祖上德风是否深植于子孙心中，以及子孙能否奉行不易，而不是指富贵的长久与否。子孙若个个贤德，即使一时贫穷，门祚仍能兴盛；子孙如代代不肖，即使现在再富贵，也会很快步上衰亡之途。

历代开国最重要的便是典章制度的建立，这些最初的规模，往往便造成一个朝代的兴衰更替。事业也是如此，由制度和运转，便可以了解将来的潜力，以及是否具有发展成伟大事业的粗胚。就像人一样，从小可以看大，孔融让梨，司马光破缸，而终成一代名相。而这些条件都是可以努力，可以培养的。

家是最小国，国是千万家，一个家族如果奉行行善积德之业，力行勤俭有为之事，那么这个家族一定福报绵延、世代不竭。古人有云“积金遗于子孙，子孙未必能守。积书遗于子孙，子孙未必能读。不如积阴德于冥冥之中，此万世传家之宝训也”，这也应了“积善之家，必有馀庆；积不善之家，必有馀殃”这一喝语。《三字经》里说：“窦燕山，有义方。教五子，名俱扬”，窦家“门祚”如此之厚，全凭窦燕山的“义风家法”，在他的培养之下，五子都考中进士，被人称之为“窦氏五龙”。一个“义”字，预示着一个家族品德润泽之厚，也昭示了这个家庭必定“门祚”之福延绵长久。

第181则
——君子能尚义，小人必趋利

【原文】

义之中有利，而尚[1]义之君子，初非计及于利也；

利之中有害，而趋利之小人，并不愿其为害也。

【注释】

①尚：崇尚。

【译文】

在义行之中也会得到利益，这个利益是重视义理的君子所始料不及的；在谋利中也会有不利的事发生，这是一心求利的小人无暇顾及而引发的。

【解析】

自古以来，“君子取义，小人趋利”，这已然成为共识，而涉及“君子取义得大利，小人取利得大弊”这一方面，则鲜有人深究。有一个人落水，孔子的一个学生跳下水去救人，成功施救后，家属为了感谢他，就送给他一头牛表示感谢，他欣然收下。于是乎，背地里就有人对孔子这名学生的所作所为颇有微词。不料孔子得知事件之后，不仅没有批评，反而表扬了这名学生。他认为这样做，会让更多落难的人得到营救，所以，做了好事之后接受人家的感激是很正常的，会带动别人都去做好事，这会产生好的客观效果。义行原本不求回报，但是，行义有时也会带来好运，这些并不是行义的人当初就能看得到、想得到的，他之所以行义，亦非为了这些后得之利。因此这些好运或利益可说是意外的收获。义者宜也。

如此看来，多行义，“义中有大利”且不足为表，更可以兼容“义中且得利”，至于那些对眼前利益趋之若鹜的小人，不管有没有意识到，肯定会尝到“趋利之害”这一后果的，因为任何事物都有两面性，更别说开始就为利益而驱动行事的小人行径了。“利”字旁边一把刀，刀是用来刈禾。禾即是利益，你想得到利，他也想得到利，人人都想得到利，最终会因相争而割伤了彼此。唯利是图的小人，只见到半面的禾，而未见半面的刀，因此酿成祸害。由于利中含刀，要拥抱利，必得拥抱刀，利和刀本是一体的两面。

第182则
——小心谨慎必善后，高自位置难保终

【原文】

小心谨慎者，必善其后，畅则无咎也；

高自位置者，难保其终，亢[1]则有悔也。

【注释】

①亢：极也，指极尊之位。

【译文】

凡是小心谨慎的人，事后必定会谋求善后之法，这样戒惧的胸怀必然不会犯下过错；凡是身居高位的人，很难能够维持长久，因为只要到达顶峰就会开始走下坡路。

【解析】

《格言联璧》里说过，“谨慎为保家之本”，小心谨慎者，不仅处事周全，而且能够慎独，凡事收尾皆善，如此通畅的局面，岂能有咎呢？瞻前顾后、低调行事之人恰恰如同庄子所言“谨慎能捕千秋蝉，小心驶得万年船”，临事仔细思考，严密行事，这样一来就连最灵敏狡猾的“蝉”也能捕捉到，小心翼翼之余杜绝张狂，就连驾驶古旧到一万年的“船“也能安全无事。《易

经》乾卦中有“君子终日乾乾，夕惕若厉无咎”之句，所以无咎，无非是“终日乾乾，夕惕若”。所以任何时候如果不能小心谨慎，步步为营，即使是走在平地上，也会跌一跤的。因此，无论是居高位或是在野，都必须善其后，才不会犯下过错，自毁前途。

“高自位置者”之境，如何难保其终呢？这是“物极必反”的道理，任何事物发展到极点，如果疏忽大意，不能虔敬谦逊，那么，则离相反方向转化不远了。明代刘基在《郁离子·虞孚》里说道：“是故失意之事，恒生于其所得意，唯其见利而不见害，知存而不知亡也。”急转而下的颓势，往往萌芽于“得意之时”，斯人唯见其利，而不见其害，这就是“难保其终”的缘由，哪里能阻挡得了走下坡路的历史宿命呢。

天下事没有永远安稳，恒常不变的，万物都有盛衰，“亢”之所以有悔，就是这个道理。因为高山之旁必有深渊，爬得高必定摔得重。但是，世间人往往不明这些，忘形于荣华富贵中，以为天下才智莫过于己，殊不知一跤摔下便是深谷。

第183则
——勿以耕读谋富贵，莫以衣食逞豪奢

【原文】

耕所以养生，读所以明道，此耕读之本原也，而后世乃假以谋富贵矣。衣取其蔽体，食取其充饥，此衣食之实用也，而时人乃藉以逞[1]豪奢矣。

【注释】

①逞：逞强。

【译文】

耕种是为了摄养身心，读书是为了明白道理，这是耕种和读书的本意，但到后世却被人当作谋求富贵的手段。穿衣是为了遮羞，食物是为了充饥，衣食原本是为了实际上的需要而用，现在却被人用以夸示豪富奢华。

【解析】

“勿以耕读谋富贵，莫以衣食逞豪奢。”万物皆要溯其本源，方能分寸间取其真谛。耕种原本是人们用来摄养身心、与自然融为一体的“人之需要”，用以怡情并期望达到保健延年的效果，而读书则用来明晓世间之理，与修身养性同样处于人的自然需求地位。然而，演变到后来，“耕作”两字日渐跟劳苦谋生相联系，埋头耕躬为“稻粱谋”，挥汗如雨为“衣食奔”成为一种社会常态。读书，“为仕途谋”逐渐占领上风，不分寒暑勤于苦读，只为“一朝题名天下闻”，因此，趋之若鹜的读书人争名夺利之心日盛，反而真正讲究通过读书以穷尽事理的人日益稀少。清代小说家吴敬梓在讽刺小说《儒林外史》中，精彩描绘了《周学道校士拔真才，胡屠户行凶闹捷报》的故事。范进参加乡试中举人，为科举考试喜极而疯，其岳丈在范进中举前后的极其鲜明的肢体动作和言语表情，均啼笑皆非地揭示了“荒谬读书论”对人性的无尽残害。

第184则
——一官到手怎施行，万贯缠腰怎布置

【原文】

人皆欲贵也，请问一官到手，怎样施行①？

人皆欲富也，且问万贯缠腰，如何布置？

【注释】

①施行：当官的方法。

【译文】

人都希望自己贵显，但是请问一旦做了官，要怎样去推行政务、改善人民的生活呢？人都希望自己富有，但是有没有想过自己一旦腰缠万贯，要如何将这些钱用到有益之处呢？

【解析】

为富且贵，官位显赫，让很多人趋之若鹜，然而富贵本无罪，要追索的却是“如何为官”“如何布财”。品行道德高洁者，自会因身居高位而心怀济世之念，且能将万贯之财用之于世。“官”就是“管”，管要管得好，莫说一个城市，便是一个村子，你有能力管得好吗？就算让你干个市长吧！台风洪水怎么办？交通混乱怎么办？经济萧条怎么办？突发灾害怎么办？双手一缩，高台一坐，便算得官吗？若不能把一个地方治理得富足安乐，不但百姓要揪你下来，上面也要赶你下台。贵而无能，官而不管，则贵无非是羞，官无非是耻罢了。“清官”二字是自封建社会迄今，民间对好官的雅称，对应的是正式典章史籍中的“循吏”“良吏”“廉吏”。我国历史上，涌现过一大

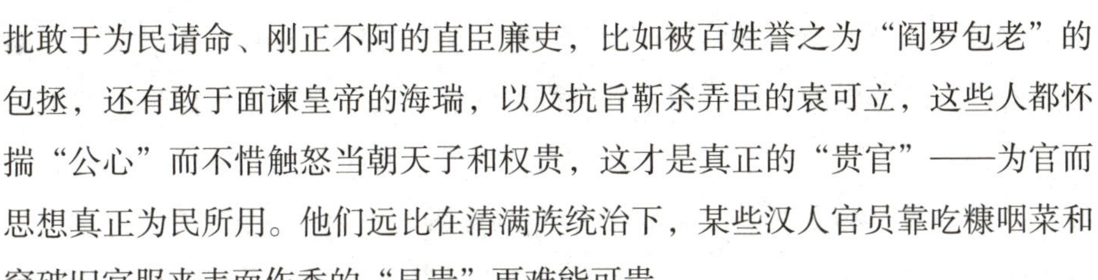

批敢于为民请命、刚正不阿的直臣廉吏，比如被百姓誉之为“阎罗包老”的包拯，还有敢于面谏皇帝的海瑞，以及抗旨斩杀弄臣的袁可立，这些人都怀揣“公心”而不惜触怒当朝天子和权贵，这才是真正的“贵官”——为官而思想真正为民所用。他们远比在清满族统治下，某些汉人官员靠吃糠咽菜和穿破旧官服来表面作秀的“显贵”更难能可贵。

道德高洁之人，即便腰缠万贯，也是扶危济困一马当先，甘为天下大任慷慨解囊。这样一来，就能破解“有德者心力与物力难济，空有济世情怀”“贪腐官僚国贼举家富贵，万众民脂民膏皆被劫掠”的无奈了。

第185则
——注重“德育”，摒弃功利之风

【原文】

文①、行、忠、信，孔子立教之目也，今惟教以文而已；志道②、据德、依仁、游艺③，孔门为学之序也，今但学其艺而已。

【注释】

①文：指诗书礼乐等典籍。

②志道：立志于道义。

③游艺：指的是儒家“礼、乐、射、御、书、数”六种技艺。

【译文】

文、行、忠、信，是孔子教导学生所立的科目，现在却只教学生文学了；志道、据德、依仁、游艺，是孔门求学问的次序，现在只剩最后一项学艺了。

【解析】

王永彬先生可谓是先行的教育家，在重拾“德育”教育的当下，具有开风气先的作用。孔子治学，教育学生的主要科目就是“文行忠信”，而到后世，逐渐重文而轻德；孔门为学的次序，是“六艺”为末，而“志道、据德、依仁”三者居前，这说明了品行教育的核心地位，固不可撼也。如果把“六艺”看作一个人系之于一身的本领，那么“德育”则可视作这个人的灵魂，一旦缺少，就如同行尸走肉一般空洞虚缈。志道、据道、依仁、游艺，是为学的次序。艺是指礼、乐、射、御、书、数而言，这六者必须以前面的志道、据德、依仁为本。道是一切学问所由生的，仁德是一切行为的根本，艺则是用来从事工作的工具。只取艺而弃道、弃德，可说是将一个人的心和脑去掉，只要他们的四脚。如此如何追求真理，创新学问，循则做事，不过是个会动的木偶罢了。剔除掉儒家思想的一些糟粕，重“德育”的思想无疑是先进的。重德行，方有根基；重品性，方得精髓，否则，皮之不存，毛将焉附？所以，借鉴孔子的为学之道，对于纠正当前教育某些环节存在的浮躁、功利之风，无疑举足轻重。

第186则
——心有礼法，以免犯错

【原文】

隐微之衍（yǎn）①，即干②宪典③，所以君子怀刑④也；技艺之末，无益身心，所以君子务本也。

【注释】

①衍（yǎn）：过失。

②干：违犯。

③宪典：法度。

④怀刑：心里时刻不忘记礼乐典范。

【译文】

一些不留意的过失，很可能就会违犯法度，所以君子行事，常在心中留礼法，以免犯错。技艺是学问的末流，对身心并无改善的力量，所以君子要重视根本的学问。

【解析】

“君子怀刑，小人怀惠”刑可以作刑法，亦可以作礼法解。意思是君子念念都在礼法仁义上，而小人则处处想到小惠利益。人的行为很容易有过失，倒不一定是触犯法令，因此，要做到行不逾礼，必须时时规饬自己的身心。若是心不怀刑，往往会怀惠循利，顺从私欲，一不留心，便要犯下过失，而使自己后悔。所以，君子心中总有一个法则在自我约束，避免像小人那般胡作非为，肆无忌惮。

君子在“怀刑”之外，还崇尚务本，《论语》云：“君子务本，本立而道生。”所以君子凡事致力于根本，遵从本分，做事理性，不好高骛远，也不争名夺利，如同深潭之水，波澜不惊处细细酝酿，对无关紧要的末学小枝不无关注，把有限的精力投入本业。这种分清主次和良善的求学精神，值得今人借鉴，不过，需要指出的是凡事不能太绝对，某些所谓的“技艺之末”依然是可以修身养性、怡人心胸的。

“尺蚓穿堤能漂一邑，寸烟泄穴致灰千室”，北齐的刘昼在《新论·慎隙》里如是说。既然“一条蛆蚓挖穿的小洞就能让大坝决堤，把城池淹没，一点儿小烟筒的火星就会把千家万户变成灰烬”，可见，“隐微之衍”是何等的可怕。一个小小的过失便能引发大祸，所以，“君子怀刑”切切不是多余之事。

第187则
——学不可以已，才能成就功业

【原文】

士①既知学，还恐学而无恒；人不患贫，只要贫而有志。

【注释】

①士：读书人。

【译文】

读书人不仅要知道学问的重要，还要提防学习时缺乏恒心；人不怕贫穷，只要穷得有志气。

【解析】

关于学习的“恒心”与“毅力”，早在荀子《劝学篇》里就表达过“学不可以已”的命题：“积土成山，风雨兴焉；积水成渊，蛟龙生焉；积善成德，而神明自得，圣心备焉。故不积跬步，无以至千里；不积小流，无以成江海。骑骥一跃，不能十步；驽马十驾，功在不舍。锲而舍之，朽木不折；锲而不舍，金石可镂。”这段话层层铺垫，皆以自然之景象来阐释学习需要“积跬步”“积小流”的道理。所以，热爱学习之人，需要的不只是口号，而是持之以恒的毅力！

无论什么优越感，基于智力也好，基于财富也好，基于种族也好，基于文化也好，都是廉价的。优越感有时候却不是一样好东西，它使人们对你敬而远之，使你逐渐失去朋友。于是你在孤独中意识到，你得掩饰你的优越感，或者你得努力在客观的优越中并不滋生主观的优越感，你才可以在身心内外的两个世界中找到平衡的支点。

人不管是处于富贵之境还是贫寒之境，不可缺的是“志向”，这是一个人能够顶天立地的根本。“丈夫为志，穷当益坚，老当益壮”，面临困境，穷且益坚是一种高洁品行的彰显。只有这样，方能不坠青云之志，磨炼出坚韧不拔之心性，成就一番功业。

第188则
——追求内秀，千万不能徒有外表

【原文】

用功于内者，必于外无所求；饰①美于外者，必其中无所有。

【注释】

①饰：装饰。

【译文】

在内在方面努力求进步的人，必然对外在事物不会有许多苛求；在外表拼命装饰图好看的人，肯定内在没有什么涵养。

【解析】

有一句古语叫作“人不可貌相，海水不可斗量”，比喻不能只根据相貌与外表来判断一个人，也不可根据某人的相貌就低估其能力。《西游记》里有一句话：“……人不可貌相，海水不可斗量。若爱丰姿者，如何捉得妖贼也？”风姿者，往往过于“饰美于外”，估计能捉得住妖贼者“寥寥无几”。所以，我们不要做一只“绣花枕头”，徒有外表而无学识，这样的人肯定是为人所鄙的。正如清人彭养鸥在《黑籍冤魂》里谐谑的一样：“顶冠束带，居然官宦人家，谁敢说他是个绣花枕头，外面绣得五色灿烂，里面却包着一包草。”绣花枕头这种“金玉其外，败絮其中”的本质，是经不起世事推敲的。

在这个世间，没有一个人的才华是与生俱来的，每一个成功者的背后，都有着一些鲜为人知的勤学善思的故事。鲁迅说得很形象："其实即使天才，在生下来的时候第一声啼哭，也和平常的儿童一样，绝不会就是一首好诗。""哪里有天才，我是把别人喝咖啡的工夫用在工作上。"在成功的道路上，除了勤学善思，是没有任何捷径可走的。在每个成功者的身上，都可以看到勤、思的好习惯。

第189则
——兴盛或是衰败，是精微的学问

【原文】

盛衰之机，虽关气运，而有心者必贵诸人谋①；性命之理②，固极精微，而讲学者必求其实用。

【注释】

①贵诸人谋：看重人的谋划。

②性命之理：中国古代哲学范畴，讲究天命天理的学问。

【译文】

兴盛或是衰败，虽然有时和运气有关，但有心人一定会在人事上做得完善；形而上的天命天理，固然十分微妙，但是讲求这方面学问的人一定要实际应用。

【解析】

《三国演义》第一百零三回中：诸葛亮设妙计，成功把司马懿诱入上方谷内，希望用大火烧死司马懿，忽然狂风大作骤雨倾盆，大火顷刻熄灭，司马懿死里逃生。诸葛亮感叹道："谋事在人，成事在天，不可强求！"这是典型的盛衰在天命的事例，且不论故事真假，但此次战事失败的一个缘由确实

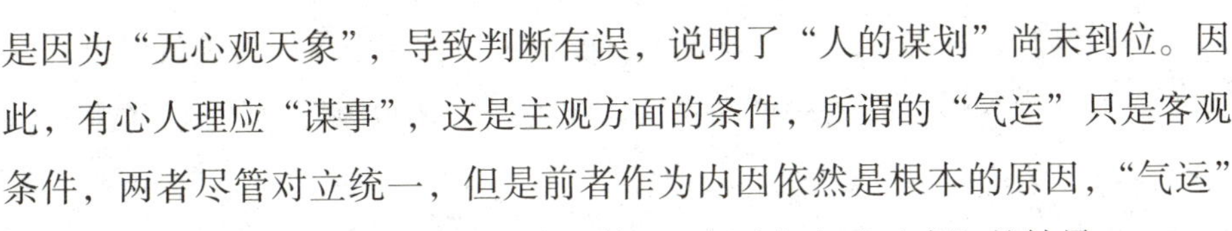

是因为“无心观天象”，导致判断有误，说明了“人的谋划”尚未到位。因此，有心人理应“谋事”，这是主观方面的条件，所谓的“气运”只是客观条件，两者尽管对立统一，但是前者作为内因依然是根本的原因，“气运”作为内因只起到促进作用。没有“人谋”，绝不会有“天成”的结果。

性命之理，所谓的天命天理，是一个形而上的命题，讲究这些学问的贤哲先人一定要把这种“精微”的学问跟生活结合起来，如此才能让大众所明晓。一只有“落地生根”，才能把玄妙的天理运用到日常的生产生活当中来，做到“取之于民用之于民”，为民众所接受，在生活中发扬光大。所以，任何精微的学问，都切忌故弄玄虚与束之高阁。

第190则
——天资不足，是懒人的借口

【原文】

鲁[①]如曾子，于道独得其传，可知资性不足限人也；贫如颜子，其乐不因以改，可知境遇不足困人也。

【注释】

①鲁：愚鲁。

【译文】

像曾子那般愚鲁的人，却能明晓孔子之道而得其真传，可见天资不好并不足以限制一个人；像颜渊那么穷的人，却并不因此而失去他的快乐，由此可知遭遇和环境并不足以困住一个人。

【解析】

所言“曾子”，即是孔子的弟子曾参，十六岁拜孔子为师，勤奋好学，颇得孔子的真传，有宗圣之称，后世所口耳相传的“曾子啮指痛心”“曾子避席”等典故，均是描述曾子嘉言懿行的故事。相传，曾子遇到任何事理都要千方百计地弄懂，孔子对他的第一印象便是“参也鲁”，认为曾子秉性质朴、憨厚。他认为事情要做到“一以贯之”，唯有“忠恕而已矣”，因此，孔子非常赞赏他。尽管鲁钝如曾子，但曾参以他的建树，终于走进大儒殿堂，与孔子、颜回、子思、孟子比肩，共称为“五大圣人”，如此看来，“资性不足”又如何会限制人的发展呢，恐怕只是懒人的借口罢了。再说颜回，某日孔子对门生说：“贤哉，回也里一箪食，一瓢饮，在陋巷，人不堪其忧，回也不改其乐。贤哉，回也。”孔子十分赞赏颜回这种“安于贫而乐于道”品德。他在学习和弘扬儒家学说的过程中，殚精竭思，倾注全部心血，且乐于其中。

第191则
——诚实的人可托大事，谨慎的人可建大业

【原文】

敦厚之人，始可托大事，故安刘氏①者，必绛侯②也；谨慎之人，方能成大功，故兴汉室者，必武侯③也。

【注释】

①刘氏：以汉高祖刘部为首的汉室皇族。

②绛侯：周勃，传高祖一定天下，封绛侯。

③武侯：诸葛亮，字孔明，辅助刘备败曹操，建国蜀汉政权，与魏、吴成三足鼎立之势。

【译文】

忠厚诚实的人，才可将大事托付给他，因此能使汉朝之天下安定的，必定是周勃这个人；唯有谨慎行事的人才能建立大的功业，因此能使汉室复兴

的，也必然是孔明这样的人。

【解析】

绛侯周勃是“诛吕安刘”的主要决策者，为挽救刘氏政权立下大功，司马迁曾把他作为汉初的主要功臣之一列入世家。此人个性朴实无华，不喜虚文，故成为“可托大事”的贤哲。再说武侯诸葛亮，当代一国学大师南怀瑾在说：“诸葛一生唯谨慎，吕端大事不糊涂”，隐居隆中的诸葛亮以留心世事而闻名，被世人称为“卧龙”。刘备据其谋略联吴抗曹，取得了赤壁之战的胜利，建立了蜀汉政权。

在《出师表》中，自诩“臣本布衣”的诸葛亮自言：“先帝知臣谨慎，故临崩寄臣以大事也。”谨慎之性情由此可见一斑，因此世人也一致评价“诸葛一生唯谨慎”。这种谨慎的态度，彰显了古代知识分子卓尔不群的甄别力，满腹经纶胸怀大志间能够运筹帷幄，这是一种隐忍不发的韬略与胸襟，所以当下世人，必学古人之“敦厚”与“谨慎”的心性，用以杜绝虚浮冒进之息，以沉潜的入世态度处世为人。

第192则
——防微杜渐，千古至理

【原文】

以汉高祖之英明，知吕后必杀戚姬，而不能救止，盖其祸已成也；以陶朱公[①]之智计，知长男必杀仲子，而不能保全，殆其罪难宥乎？

【注释】

①陶朱公：范蠡佐越王勾践破吴后，至定陶，自称陶朱公，经商而成巨富。

【译文】

像汉高祖那么英明的帝王，明知在他死后吕后会杀死他最心爱的戚夫人，却无法挽救阻止，因为这个祸事已经造成了；如陶朱公那么足智多谋的人，明知他的长子肯定救不了次子且因此而死却无法保全，大概是因为次子的罪本来就让人难以原谅吧！

【解析】

刘邦极为宠爱戚夫人，当时的太子是吕后的儿子。刘邦屡次想废掉太子而重立戚夫人的儿子赵王如意为太子，所以吕后自是忌妒。刘邦死后，吕后掌权，早日埋在心中的忌恨之心爆发，赵王如意被她毒杀，而戚夫人则被她折磨而死。刘邦其实早已预知祸端生成的端倪，由于他过分宠爱戚夫人，还表露出更换太子的念头，这种“祸患已成”又岂能阻止呢？

春秋时期的越国大夫范蠡，虽然富甲一方且才智过人，但是却没有教育好子女，导致次子杀人犯法。虽然次子被诛跟长子爱惜赎金有一定的关系，但“杀人偿命”罪不可赦，子女沉沦而没有“禁于未然”，无忧患意识是范

鑫的疏忽，最终他也是无法保全的。

“病已成而后药之，乱已成而后治也，譬犹渴而穿井，斗而铸锥，不亦晚乎？”防微杜渐，千古至理！

第193则
——忠厚为人，勤俭传家

【原文】

处世以忠厚人为法[①]，传家得勤俭意便佳。

【注释】

①法：效法。

【译文】

在社会上为人处世，应当以忠实敦厚的人为效法对象，传与后代的只要能得勤劳和俭朴之意便是最好的了。

【解析】

忠厚为人，是处世的良方。《后汉书·刘虞公孙赞传论》中的“刘虞守道慕名，以忠厚自牧”就是此意。所谓“忠”，就是尽心竭力、严肃认真，所谓“诚”，就是真实不欺。《中庸》云，“诚者，天之道也。诚之者，人之道也。诚之者，择善而固执者也”。看来，诚就是选择善道，唯天下至诚，一为能尽其性，恪守至诚之道，就可以预知未来之事，可以趋吉避凶。这种忠厚，就是“君子厚德载物”的博大，是一种无为而为的智慧，正可谓“传家有道唯存厚，处世无奇但率真”。在老百姓的眼中，勤是锄头上的“黄金”，俭是米缸里的“白银”。“只勤不俭，好比端个没底的碗，总也盛不满；只俭不勤，坐吃山空，一定会受穷挨饿。”这是民间最朴素的真理。勤俭是富贵之本，而对应的懒散则是贫贱之苗，所以我们要践行量入以为出的原则，似

燕衔泥一般践行“勤于事俭于生活”的原则。

世间上，懒惰与贫穷是孪生兄弟。因为懒惰，所以贫穷；因为贫穷，因此容易懒惰，这是互为因果。所以，我们要想改变命运、改变贫穷，必须舍弃懒惰，要能勤劳精进。所以，圣严法师说：“贫穷不可怕，可怕的是懒惰。一沾懒惰，富可变穷，穷或成恶，至无所不为。”

第194则
——格物致知，自求于心

【原文】

紫阳补大学格致之章①，恐人误入虚无，而必使之即物穷理，所以维正教也；阳明②取孟子良知之说，恐人徒事记诵，而必使之反己省心，所以救末流也。

【注释】

①大学格致之章：大学中有“致知在格物”句，朱熹注解，指格物是穷尽事物之理，无不知晓之意。

②阳明：即王守仁，学者称为阳明先生，其学以默坐澄心为主，晚年专提“致良知”之说。

【译文】

朱子注《大学·格致》一章时特别加以补充说明，唯恐学人误解而入于虚无之道，所以要人多去穷尽事物之理，目的在维护孔门的正教。王守仁取了孟子的良知良能之说，只怕学子徒然地只会背诵，所以一定要教导他们反观自己的本心，这是为了挽回那些学圣贤道理只知死读书的人而设的。

【解析】

南宋理学大家朱熹与明代哲学家王守仁，作为学界的泰斗，尽管对学

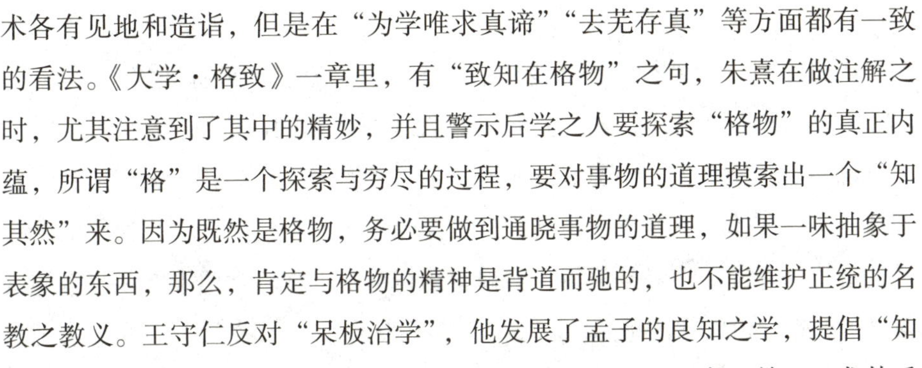
术各有见地和造诣，但是在“为学唯求真谛”“去芜存真”等方面都有一致的看法。《大学·格致》一章里，有“致知在格物”之句，朱熹在做注解之时，尤其注意到了其中的精妙，并且警示后学之人要探索“格物”的真正内蕴，所谓“格”是一个探索与穷尽的过程，要对事物的道理摸索出一个“知其然”来。因为既然是格物，务必要做到通晓事物的道理，如果一味抽象于表象的东西，那么，肯定与格物的精神是背道而驰的，也不能维护正统的名教之教义。王守仁反对“呆板治学”，他发展了孟子的良知之学，提倡“知行合一”，提倡“良知良能”“格物致知，自求于心”的观点，并且，尤其反对学人对教义死记硬背的作风，并因此而提出了“反己省心”的看法。

第195则
——立志为善良，反身为醇谨

【原文】

人称我善良，则喜；称我凶恶，则怒；此可见凶恶非美名也，即当立志为善良。我见人醇谨，则爱；见人浮躁，则恶；此可见浮躁非佳士也，何不反身为醇（chún）谨①？

【注释】

①醇（chún）谨：醇厚谨慎。

【译文】

别人说我善良，我就很高兴，说我凶恶，我就很生气，由此可知凶恶不是好名声，所以我们应当立志做善良的人。我看到他人醇厚谨慎，就很喜爱他，看到他人心浮气躁，就很厌恶他，由此可见心浮气躁的人称不上嘉言懿行之人，何不让自己做个醇厚谨慎的人呢？

【解析】

如何评判一个人行为，自身的感知就是一杆秤！“人称我善良”则喜，“人称我凶恶”便怒，看来，公允之心就埋在我们的内心深处，故“良善”之行也一定是每个人心中美好的东西，值得去养成这种品行。同理，我们看到他人醇厚谨慎，就亲近之，看到他人浮躁冒进，就远离之，这说明前者是好的道德修养，而后者是值得人们修正的行为。也许反观他人之际，也能给自己的心性与道德水准把脉。

公道自在人心，宋朝的《五灯会元》里有这样的诗句：“劝君不用镌顽石，路上行人口似碑”，这说明“口碑载道”是不无道理的，人们的心中自有一面明镜，嘉行与恶行两者均会在人们的心目中形成定式，而不由自己颂扬，这就是“君子耻其言而过其行”的道理。堪称君子之人，对说大话做小事或者说空话不做事的行为，是感到羞耻的，一个有道德修养的人，总是“讷于言而敏于行”，行事尽显“言必信行必果”的风范。

第196则
——处事宜宽平，持身贵严厉

【原文】

处事宜宽平，而不可有松散这弊；持身贵严厉，而不可有激切①之形。

【注释】

①激切：激烈的严酷。

【译文】

处理事情要从容不迫且平稳，但是不可因此而太过宽松散漫；立身最好能严格，但是不可造成过于激烈的严酷状态。

【解析】

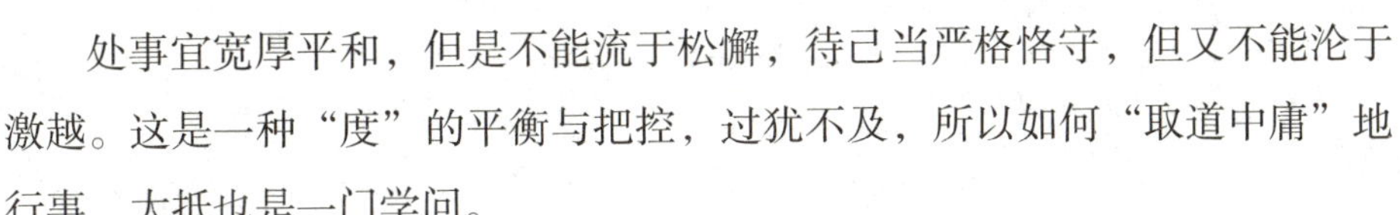

处事宜宽厚平和，但是不能流于松懈，待己当严格恪守，但又不能沦于激越。这是一种“度”的平衡与把控，过犹不及，所以如何“取道中庸”地行事，大抵也是一门学问。

容人是一种美德，是一种思想修为，更是一种高尚的品德。要想成为一个伟大的人，必须有容人的雅量。反过来讲，只有自己能容人，别人才能容自己。很多时候一个人之所以能够被人敬仰，受人尊敬，不在于他的能力有多高，相貌有多体面，知识有多渊博，而在于他有宽广的胸襟，能够容人之不能。在圣严法师看来，能互相体谅、容忍，表现一分宽心、爱心，即是悲心。

要说把做人做到极致之人，近代当推曾国藩，他被称为“中国最后的一位儒学大师”。他在论及“松缓之道”时，是这样概括的：“事缓乃圆，好从慢得；从缓待变，应对自如”“文武之道，一张一弛；忙里偷闲，小处放松。”处事要缓，待己要活，张弛有度，但“缓”不等于“懈”，“张”不等于“切”，先生的智慧就在一张一弛与宽缓从容之间显露无遗。

第197则
——天地生才有限，不宜妄自菲薄

【原文】

天有风雨，人以宫室蔽之；地有山川，人以舟车通之；是人能补天地之阙（quē）①也，而可无为乎？人有性理，天以五常②赋之；人有形质，地以六谷③养之。是天地且厚人之生也，而可自薄④乎？

【注释】

①阙（quē）：缺失。

②五常：仁、义、礼、智、信。

③六谷：黍、稷、菽、麦、稻、粱。

④薄：轻视。

【译文】

天上有风有雨，所以人造房屋来遮蔽；地上有高山河流，人造船车来交通。这就是人力能够弥补天地造物的缺失，人岂能无所作为而让一切不获得改善呢？人的心中有理性，天以仁、义、礼、智、信作为他的禀赋；人的外在有形体，地便以黍、稷、菽、麦、稻、粱六谷来养活他。天地对待人的生命尚且优厚，人岂能自己轻薄自己呢？

【解析】

本则不管是引用风雨山川之貌也好，抑或是借天地之性比拟也罢，落脚点就在“人当有为”与“不可自薄”两个方面。中国古代哲学就有“天人合一”的思想，天地万物之理与身为灵长类的人类之间，彼此互动，改造中升华，谙熟中顺应。以现代学者季羡林先生的观点来看，便是“天就是大自然，人就是人类，所谓天人合一，就是互相理解之际结成友谊”。人类只是天地万物中的一个部分，人与自然，固然是息息相通的一体，因此，在生态平衡的基础上，人类应该“有所为”，即发挥主观能动性，合理改造自然，增强自身驾驭事物的本领。人的心中存有理性的因子，所以上天赋予了人类“五常”的禀赋，人的有形之体也因为“六谷”的养育而蓬勃繁衍，这是一幅天人相互协调的美好图景，故“天地生才有限，不宜妄自菲薄”。

第198则
——向直道而行，凡事反求诸己

【原文】

人之生也直，人苟欲生，必全其直；贫者士之常，士不安贫，乃反其常。进食需箸（zhǔ）①，而箸亦只悉随其操纵所使，于此可悟用人之方；作书需笔；而笔不能必其字画之工，于此可悟求己之理。

【注释】

①箸（zhǔ）：筷子。

【译文】

人生来身体便是直的，看来人如果要活得好，一定要向直道而行；贫穷本是读书人常有的现象，读书人不安于贫，便是违背了常理。吃饭需用筷子，筷子完全随人的操纵来选择食物，由此可以了解用人的方法；写字需用毛笔，但是毛笔并不能使字好看，于此也可以明白凡事必须反求诸己的道理。

【解析】

宋朝的司马光在《训俭示康》中言及“君子寡欲则不役于物，可以直道而行”，作为君子，一定要有“不役于物”的魄力，如此方能行走于“直道”。读书人亦要有“安贫乐道”的精神，方能淡泊致远，其实，这种“乐道”的精神，同样也是一种不奴役于外物的定力。古人有云“使骥不得伯乐，安得千里之足”，又云“世有伯乐，然后有千里马。千里马常有，而伯乐不常有”，便是这个道理。诚如《孟子·公孙丑章句上》云：“仁者如射，射者正己而后发，发而不中，不怨胜己者，反求诸己而已矣。”恰如仁者一般，我们都要有着“反求诸己”的品质。这种反躬自省的谨慎，自古就有：夏朝的君王大禹派伯启前去迎击诸侯有息氏的起兵入侵，结果伯启战败，部下不甘要求再战。伯启拒绝说：“我的兵马、地盘都不小，结果还是战败，可见这是我的德行有失，所以要自我检讨，改过毛病。”自此伯启朝夕发愤，生活简朴，爱民如子，敬重德高者，如此过了一年，有息氏闻之，不仅不来侵犯，反而归顺之——不战而胜，这就是“反求诸己”的功劳呀！

第199则
——广积阴功，天眷其德

【原文】

家之富厚者，积田产以遗子孙，子孙未必能保；不如广积阴功，使天眷①其德，或可少延。家之贫穷者，谋奔走以给衣食，衣食未必能充；何若自谋本业，知民生在勤，定当有济。

【注释】

①天眷：上天眷顾。

【译文】

家中富有的人，将积聚的田产留给子孙，但子孙未必能将它保住，倒不如多做善事，使上天眷顾他的阴德，或许可使子孙的福分因此得到延长。家中贫穷的人，想尽办法来筹措衣食，衣食却未必获得充足，倒不如在本业上多加努力，若能知道民生的根本在于勤奋，那么多少会有所帮助。

【解析】

《景行录》有云“为子孙作富贵计者，十败其九。为人行善方便者，其后受惠”。这说明与其为子孙后代积攒物质财富，不如给后代们留下精神滋养，这与宋代司马光《家训》所言“积金以遗子孙，子孙未必能守；积书以遗子孙，子孙未必能读；不若积阴德于冥冥之中，以为子孙久长之计”同出一辙。除了积德庇荫子孙之外，更重要的是当父母在做好事的时候，其言行风范已经扎根于后代的脑际之中了。至于民生的根本在一个“勤”字，“民生在勤，勤则不匮；好问则裕，自恃则困”，所以，在劳动中谋求适合自身发展的本业，是衣食充裕的保障。“劳动更知柴米贵，思之不免善心生”，这就是明代儒家史桂芳所说的“劳则善心生，养德养身咸在焉；逸则妄念生，丧德丧身咸在焉”。

第200则——言不可尽信，事未可遽行

【原文】

言不可尽信，必揆（kuí）①诸理；事未可遽（suì）行②，必问诸心。

【注释】

①揆（kuí）：判断、衡量。

②遽（suì）：仓促。

【译文】

言语不可以完全相信，一定要在理性上加以判断、衡量；遇事不要仓促着去做，一定要先看看有没有违背自己的良心。

【解析】

老子在《道德经》里面讲道：“信言不美，美言不信。善者不辩，辩者不善。知者不博，博者不知。圣人不积，既以为人己愈有，既以与人己愈多。”这一句话含有朴素的辩证法思想，是评价人们行为的道德准则，既接地气又通俗易懂。人要以“信言、善行、真知”来要求自己，达到内在的和谐，所以要返璞归真，回归没有伪诈、智巧、争斗等世俗污染的本性。

“信言不美，美言不信”的含义大抵跟“忠言逆耳、良药苦口”相近，真实的话语往往不那么美妙动听，没有那么多藻饰，所以听来不那么顺耳，但是，我们要知晓这一点“善良的人不巧说，巧说的人不善良；真正有知识的人不卖弄，卖弄自己懂得多的人不是真有知识”。同理，办事不可太贸然与违心、私欲太盛要不得，这些都是“圣人不积”的道理，圣人“不存占有之心，而是尽力照顾别人，让自己也更为充足、因为尽力给予别人，自己反而更丰富”。自然的规律，就是让万事万物都得到好处，这其中的博大与玄妙，有待我们在生活的进程中细细体悟了。

第201则
——兄弟相师友，闺门若朝廷

【原文】

兄弟相师友，天伦之乐莫大焉；闺（guī）门①若朝廷，家法之严可知也。

【注释】

①闺（guī）门：内室之门，也指家门。

【译文】

兄弟彼此为师友，伦常之乐的极致就是如此；家规如朝廷一般严谨，由此可知家法严厉。

【解析】

“兄友弟恭，夫义妻贤，中外和乐，以致祯祥屡现，百福咸臻”，这是兄弟夫妇间互爱互敬的和乐之境，古人云“夫风化者，自上而行于下者也，自先而施于后者也，是以父不慈则子不孝，兄不友则弟不恭，夫不义则妇不顺矣”，如此看来，要从上而下地推行教育感化。如果兄弟之间能够“相师

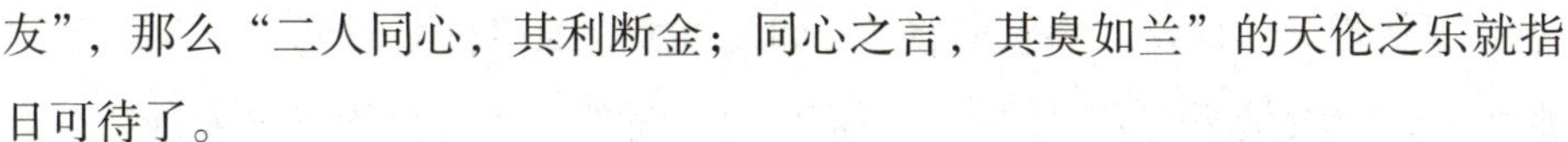

友”，那么“二人同心，其利断金；同心之言，其臭如兰”的天伦之乐就指日可待了。

“国有国法，家有家规”，《礼记·大学》有云“欲治其国者，先齐其家，欲齐其家者，先修其身”，因此“齐家”是根本，这不仅是强调家族门风，更是基于一种社会责任。中古时期的世家们，均有着“闺门家法”：司马懿的父亲司马防，是一位注重传统家庭教育的家长，父子之间完全按照礼仪相处，秩序井然；再说“谢安”的教育方式，他们的家教特色是时代传承的道德教化，并非对后代进行刻板的说教，而是在谈论学术与文艺时，把道理礼仪蕴含于中，于日常中浸染与身教，因而被著名史学家陈寅恪赞为“门风优美”。

第202则
——友以成德，学以愈愚

【原文】

友以成德也，人而无友，则孤陋寡闻，德不能成矣；学以愈愚[①]也，人而不学，则昏昧无知，愚不能愈矣。

【注释】

①愈愚：“治愈”愚昧的毛病。

【译文】

朋友可以帮助德业的进步，人如果没有朋友则学识浅薄、见闻不广，德业就无法得以提升；学习是为了“治愈”愚昧的毛病，人不学习则会愚昧无知，愚昧的毛病永远都不能改掉。

【解析】

以“人鬼故事来蕴藉世间真理”的蒲松龄是这样论述友情的：“天下快

意之事莫若友，快友之事莫若谈”，如此看来，笑谈间瞥见儒德，相知处感知快意，俨然是至交之间的往来之道。人不是孤立于社会的，三人行必有我师，“同声省相应，同心自相知”，彼此德业切磋，方能以同样的声音产生出共鸣，同样的气味相互融合、相互感应。唐代有首诗歌名唤《赠乔琳》，诗歌中描述的“为友之快意”：去年上策不见收，今年寄食仍淹留。羡君有酒能共醉，羡君无钱能不忧。如今五侯不待客，羡君不问五侯宅。如今七贵方自尊，羡君不过七贵门。丈夫会应有知己，世上悠悠何足论。

阿尔贝·加缪在《鼠疫》一文中，有这样的感慨：“世上的罪恶差不多总是由愚昧无知造成的。没有见识的善良愿望会同罪恶带来同样多的损害。人总是好的比坏的多，实际问题并不在这里。但人的无知程度却有高低的差别，这就是所谓美德和邪恶的分野，而最无可救药的邪恶是这样的一种愚昧无知：自认为什么都知道，于是乎就认为有权杀人。杀人凶犯的灵魂是盲目的，如果没有真知灼见，也就没有真正的善良和崇高的仁爱。”看来，“治病愈人”非危言耸听，且又有多少人“愚病缠身”而不自知呢？

第203则
——天网恢恢，疏而不失

【原文】

明犯国法，罪累[①]岂能幸逃；白得人财，赔偿还要加倍。

【注释】

①罪累：故意犯罪。

【译文】

明明知道而故意触犯国法，岂能侥幸地逃避法律的制裁；平白无故地取人财物，偿还的比得到的更要翻几倍。

【解析】

"天网恢恢，疏而不失。"天道是公平的，任何有意无意地作恶，都要受到惩罚。尽管"天网恢恢"，看似很不周密，但最终不会放过一个坏人！这是人世间的自然法则，正是这种法则，在有形无形间调控着人世间的演变。又言"财富"，人皆向往，只是"取道"有途，假若通过"犯法"得之，恐怕就落得个得不偿失的下场了。孔夫子早在数千年前就睿智如斯："富与贵，是人之所欲也，不以其道得之，不处也；贫与贱，是人之所恶也，不以其道得之，不去也。"孔子的意思是说，有钱有地位恐怕是人人都渴望的，只不过假如不是用"道"的方式得来的话，君子不会受之，而贫穷低贱又是人所唾弃的，不过，必须用"道"的方式来摆脱，否则的话，是无法脱身的。君子爱财取之有道，取的就是"合法之道"，即仁道。一个人不管富贵还是贫贱，不管身处安适还是颠沛流离，都不能违背这个原则。用孟子的话来说，就是"富贵不能淫，贫贱不能移"的操守。

第204则
——浪子悔过不迟，贵人失足有恨

【原文】

浪子回头，仍不惭为君子；贵人失足①，便贻笑于庸人。

【注释】

①失足：做下错事。

【译文】

浪荡子若能改过自新，仍可做个无愧于心的君子；高贵的人一旦做下错事，便连庸愚的人都要嘲笑他。

【解析】

人们常说“浪子回头金不换”，这说明人心是向善的，有着极大的包容心去接纳改过自新的人。民众意识里崇尚的是“坏行变好”的良善，所以，对于身居高位而失足的富贵之人，便是另一番看法。子贡说过：“君子之过也，如宜月之食焉。过也，人皆见之象更也，人皆仰之。”这暗示着富贵之人理应是贤良的君子，他们的行为如若有过错，则跟日食月食一样耀眼人人可视，并且富贵之人身居高位，一旦祸事肇端便辐射极广，危害极大。君子如此贻笑大方的行为，当然成为了人们的话柄，甚至更是愚庸之辈的众矢之的。

第205则
——饮食有节度，男女有分别

【原文】

饮食男女，人之大欲存焉，然人欲既胜①，天理或亡。故有道之士，必使饮食有节，男女有别。

【注释】

①既胜：主要的。

【译文】

饮食的欲望和男女的情欲，是人的欲望中最主要的部分，然而如果放纵这部分让它凌驾于其他之上，则会让道德天理沦亡。所以，有道德修养的人，一定要让饮食有节度，男女有分别。

【解析】

人本“饮食男女”，正常的饮食欲望与男欢女爱需求是合理且值得提倡的，但是，如果放纵与沉沦到“食色性”中，则有失大雅且可能导致道德沦丧，所以，“节制”一词在此起到了举足轻重的作用。唐代的陆贽曾经说：“不节，则虽盈必竭；能节，则虽虚必盈。”看来，节制于饮食与节制于爱欲雷同，这种“俭用”是为人处世的修养之道。

第206则
——学会隐身，人的大修为

【原文】

东坡《志林》有云："人生耐[1]贫贱易，耐富贵难；安勤苦易，安闲散难；忍疼易，忍痒难；能耐富贵，安闲散，忍痒者，必有道之士也。"余谓如此精爽之论，足以发人深省，正可于朋友聚会时，述之以助清谈。

【注释】

①耐：耐得住。

【译文】

苏东坡在《志林》一书中说："人生要耐得住贫贱是容易的事，然而要耐得住富贵却不容易；在勤苦中生活容易，在闲散里度日却难；要忍住疼痛容易，要忍住发痒却难。假如这些富贵、闲散、发痒都能耐受得住，这个人必定是个相当有修养的人。"我认为像这么精要爽直的言论，值得让我们深深去体会，而且适合在朋友相聚时提出来讨论，以助谈话之雅致。

【解析】

《东坡志林》中的这段话，无疑把这位宋代大才子的胸怀一览无遗，而此类"精爽之论"，也让后辈同道中人追捧，被奉作是朋友聚会之际名士之间的"清谈"之资，可见，这种"正始之音"颇得贤者青睐。人在"逆境"中忍耐与厚积薄发，往往较为容易，而耐住富贵、安住闲适、忍住痛痒，则显得艰难，这说明人性中有一种惰性在作祟，安闲处往往掉以轻心，意志懈怠，得过且过，这也是一些玩物丧志的纨绔子弟最终没落的根本原因。历史上许多朝代的兴亡、人际的沉浮，均能从这几句浅显精警的话中瞥见端倪，屈原放逐著《离骚》、左丘失明厥《国语》、孙子膑脚论兵法、吕不韦迁蜀传《吕览》——大抵贤圣发愤之所作，皆意有所郁结而通其道。《史记》的作者司马迁更是因李陵之祸后，奋而“述往事，思来者”。再说大作曲家贝多芬也是由于贫穷辍学，十七岁患伤寒与天花，二十六岁丧失听觉，爱情生活伤痕累累，尽管如此，他依然发誓“要扼住生命的咽喉”。

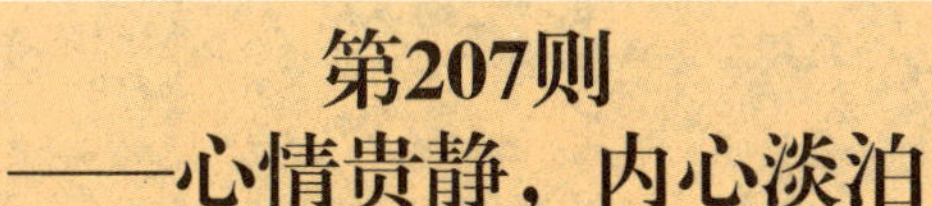

第207则
——心情贵静，内心淡泊

【原文】

余最爱草庐日录有句云：“澹如秋水贫中味，和若春风静后功。”读之觉矜（jīn）①平躁释，意味深长。

【注释】

①矜（jīn）：自负，傲气。

【译文】

我最喜爱《草庐日录》中的一句话：“贫穷的滋味就像秋天的流水一般淡泊，静下来的心情如同春风一样平和。”读后觉得傲气与躁动都平息下来了，诗句真是含意深远、耐人咀嚼啊！

【解析】

“淡如秋水贫中味，和若春风静后功”是明代文人吴与弼《草庐日录》中的一句话，寓意着内心淡泊的可贵，就如同秋天的流水一样从容不迫，心情亦贵静，静之如春风宜人。这是理学家“修身养性”的感悟，在当下“焦灼满盈”的环境中，显得尤其珍贵。

秋水淡远，反衬天地辽阔，贫中滋味大致如此，因为本无所有，所以于万物不起执着贪念，心境自然平和，自然界是一位“智者”，它以秋冬可见万物凋零之态来寓意着富贵如繁花总不长久的道理，“能不于春夏起执念，方见秋水之美”，这是何等的睿智生天地万物，皆是平等，富贵与贫穷，本是生存的一种样态，何必心中泛起涟漪甚至汹涌波涛呢？世间那么多为官场失利抑郁寡欢，为生意场上的赢利斤斤计较、为人脉气象头痛脑热，为情所困烦劳心之人。人总要明晓，绚丽之后终归平淡是一种常态，只是在平淡中体味闲情，在闲情中修身养性方是高明。

“闲看秋水心无事，静得天和兴自浓。”一个“闲”字，一个“静”字，怡然自得，何乐而不为之。

第208则
——谨慎之行必成，失道之行必败

【原文】

敌加于己，不得已而应之，谓之应兵，兵应者胜；利人土地①，谓之贪兵，兵贪者败，此魏相论兵语也。然岂独用兵为然哉？凡人事之成败，皆当作如是观。

【注释】

①利人土地：贪求别国土地之利。

【译文】

敌人来攻打自己，不得已而与之应战，这叫作“应兵”，这种不得已而应战必然能够得胜；贪图他国土地，叫作“贪兵”，为贪得他人土地而战必然失败，这是魏相论用兵时所讲的话。然而岂只用兵打仗是这个道理呢？凡是人事的成败，往往也是如此啊！

【解析】

魏相乃西汉名臣，谙熟兵法，有雄韬伟略且匡扶正义，扼制了外戚势

力，为西汉的强盛立下了功劳。他的“兵语”一语道破了用兵的秘密，即“尊天道，顺人意”，这是用兵胜败的关键，也是“义兵王，应兵胜，忿兵败，贪兵死，骄兵灭”的道理。因此，用兵者以退为进、以守为攻，就成为用兵之“胜法”。

然而，精粹就在于“兵事”即“人事”，成败之理可以触类旁通。顺应了时事的行为，必定取胜，而贪恋之意图一旦萌生，贪功冒进，则会遭受挫折。主观意念的偏颇必定导致客观事件的颓势，这不是“上帝”的神秘意旨，而是事情发展的客观规律。因此，不管战事抑或人事，正义的力量是无敌的，在此基础上顺应时势而为，抓住有利时机，创造“天时地利人和”的环境，便是取得成功的法宝。一句话：正义之道辅以谨慎之行，必成；寡义之道裹挟失道之行，必败。遭论战事，更体现在人事。

第209则
——偶然是常理，常理定是平淡无奇

【原文】

凡人世险奇①之事，决不可为，或为之而幸获其利，特偶然耳，不可视为常然也。可以为常者，必其平淡无奇，如耕田读书之类是也。

【注释】

①险奇：危险奇怪。

【译文】

凡是人世间危险奇怪的事，绝不要去做，尽管有人因为做了这些事而侥幸获得利益，那不过只是一种偶然，不可将它视为常理。可以作为常理的，一定是平淡无奇的，比如耕田、读书之类的事便是。

【解析】

人生奇险之事，往往诡秘变幻，甚至让人陷入殚精竭虑之境，很多人追求猎奇心理，希望侥幸得利，这种不劳而获的猎奇心态，最终催生的是起伏坎坷之后的虚无。殊不知，“淡中趣独真，浓处味常短”，只有安于平静，使心灵沉淀，才能品悟万事万物的真谛。当然，这种平淡并不是教人安于现状，而是教人要拥有平淡博大的胸襟，“平淡无奇方是真”，在真实的处境下设立奋斗的目标，并矢志不渝地努力。

其实世间万物，平淡处方见伟大，耕躬田间，其收获哺育着生命万代，读书明理，让道义永世绵长，这些都是平淡处见醇厚。“草色遥看近却无”是平淡的，但是它造就了春天的蓬勃；潺潺流水是平淡的，但是顽石却在它的温柔冲击下变成圆润的鹅卵石……只要有平淡的慧眼，就会发现生活无限的美，宁静淡泊处世，就不至于剑拔弩张地焦灼与彷徨。这种“有为寓于无为”的心态，看似无所求，其实追求的是精神升华下的“有为”与重生般的宁静。在日趋纷繁的世事中，甘于平淡中追求并不是一件容易的事，但恰是这种功力，才能使人宁静处致远，这是一种“禅定”的智慧，也是一门“入世与出世”的功夫。

第210则 ——事至而忧，无救于事

【原文】

忧先于事故能无忧，事至而忧无救于事，此唐史李绛语也。其警人之意深矣，可书以揭诸座右①。

【注释】

①揭诸座右：题在座旁，作为警惕自己的格言，即“座右铭”。

【译文】

如果事前有思虑，那么在施行的时候就不会出现忧心之事；若是事到临头才去担忧，那么已经于事无补了，这是唐史上李绛所讲的话。这句话具有发人深省的意味，可以把它当作座右铭，时刻提醒自身。

【解析】

汉代的刘向，在其《说苑》中有过这样的一表述：“弗备难，难必至”，这与李绛之语“忧先于事故能无忧，事至而忧无救于事”如出一辙，都是说明未雨绸缪的重要性。人生在世尽管悲观者认为不称意之事居多，但是乐观主义者总是觉得机会繁多，要善于把控，困难与挑战只是磨炼人的心性的“练兵场”。运筹于事前，方能避免“祸到临头悔既晚，船驶江心补漏迟”的后果。思难而难不至，忘患而患反生，事情考虑周全永不为过，放任之下往往祸患无穷。因此，事前深思熟虑是必不可少的，但是这种深思又同狐疑与举步不前是两个概念，其体现的是一种成熟与警醒的心态。

第211则
——人贵自立，不靠他人

【原文】

尧舜大圣，而生朱均[①]；瞽鲧至愚，而生舜禹。揆以馀广馀殃之理，似觉难凭。然尧舜之圣，初未尝因朱均而灭；瞽鲧（gǔ gǔn）[②]之愚，亦不能因舜禹而掩，所以人贵自立也。

【注释】

①朱均：尧之子丹朱，舜之子商均，均不肖。

②瞽鲧（gǔ gǔn）：舜父瞽叟，曾与后母及舜弟害舜；禹父鲧，因治水无功被杀。

【译文】

尧和舜都是古代的大圣人，却生了丹朱和商均这样不肖的儿子；瞽和鲧都是愚昧的人，却生了舜和禹这样的圣人。若以善人遗及子孙德泽，恶人遗及子孙祸殃的道理来说，似乎不大说得通。然而尧、舜的圣明，并不因后代的不贤而有所毁损；而瞽、鲧那般的愚昧，也无法被舜、禹的贤能所掩盖，因此做人贵在自强自立。

【解析】

明代诗人杨基，其《感怀》诗如此吟咏："邓禹南阳来，仗策归光武。孔明卧隆中，不即事先主。英雄各有见，何必何出处。孙曹与更始，未可同日语。向非昭烈贤，三顾犹未许。君子当识时，守身如处女。"这昭示着，任何人不应该"唯出身论"，不应该沾沾自喜于自己的出身，也不要妄自菲薄于寒门的身世，甚至不该以美丑来论英雄，只要一个人对社会做出了贡献，那么这个人就是顶天立地的英雄。

说到底，人“贵在自立”，先辈的荫蔽与德行，只是一个人成才的外在环境，或许能对一个人的成功起到推动作用，但是归根结底在于这个人后天的修炼，自身行得正、立得稳，就能“笑傲江湖”，为人所钦敬。

第212则
——静能延寿，敬则日强

【原文】

程子[①]教人以静，朱子[②]教人以敬，静者心不妄动之谓也，敬者心常惺惺（xīng xīng）[③]之谓也。又况静能延寿，敬则日强，为学之功在是，养生之道亦在是，静敬之益人大矣哉！学者可不务乎？

【注释】

①程子：北宋理学家程颐、程颢，世称“二程”。

②朱子：南宋理学家朱熹。

③惺惺（xīng xīng）：清醒，机警。

【译文】

程子教人“主静”，朱子教人“持敬”，守静之人心不妄动，守敬之人常保醒觉。由于心不妄动所以能延年益寿，又由于常保觉醒所以日有增长，求学之功如此，养生之道亦如此，“敬”和“静”两者，对人的益处实在太大了，学子能不在这两点上下功夫吗？

【解析】

“程朱理学”是宋明理学的主要派别之一，由北宋河南人二程（程颢、程颐）兄弟开始创立，其间经过弟子杨时，再传罗从彦，三传李侗的传承，到南宋朱熹集为大成。尽管后世对此学说褒贬各一，但是其“静”“敬”学

说有其合理的内核。所谓“心主静”“人持敬”，是要求人不要偏离天道，要收敛私欲的扩张，不能迷失于人世，所以，要返璞归真修身养性，舒展上天给予的本性，最终达到“仁”的至境，这就是“天人合一”“从心所欲不逾矩”。

“水清作映，心静则明”，宁静处，所有问题的脉络自然清晰，这就是“宁静致远”的意境，不受无谓惶恐的侵袭。安宁之后归于更高层次的沉静，如此一来，万物皆轻，是非因果甚明，无忧无虑无愁苦，无欲无求无烦恼，如禅入定，如木安立，古人所言“心静则明，水止乃能照物；品超斯远，云飞而不碍空”，大抵就是如此。

第213则
——凶险难卜，事在人为

【原文】

卜筮（bǔ shì）[①]以龟筮为重，故必龟从筮从乃可言吉。若二者有一不从，或二者俱不从，则宜其有凶无吉矣。乃洪范稽疑之篇，则于龟从筮逆者，仍曰作内吉。从龟筮共逆于人者，仍曰用静吉。是知吉凶在人，圣人之垂戒深矣。人诚能作内而不作外，用静而不用作，循分守常，斯亦安往而不吉哉！

【注释】

①卜筮（bǔ shì）：用龟甲占卦曰卜，以蓍（shī）草占卦曰卜筮。

【译文】

古代占卜以龟甲和蓍草为主要的工具，因此，一定要龟卜及蓍筮皆赞同，一件事才可称得上吉。如果龟和蓍中有一个不赞同，或是两者都不赞同，那么事情便是凶险而无吉兆了。但在《尚书·洪范》蓍疑篇中，则对于

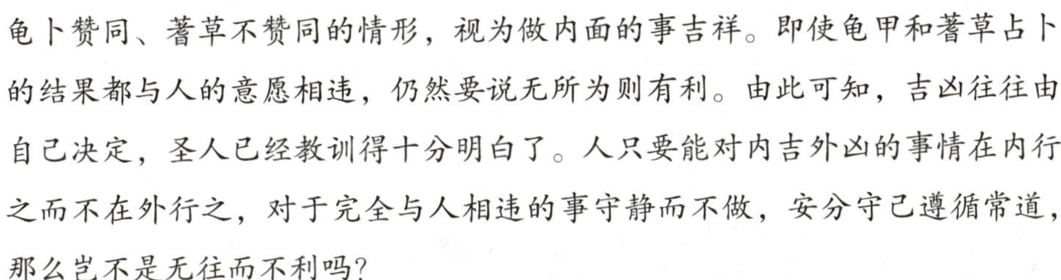

龟卜赞同、蓍草不赞同的情形，视为做内面的事吉祥。即使龟甲和蓍草占卜的结果都与人的意愿相违，仍然要说无所为则有利。由此可知，吉凶往往由自己决定，圣人已经教训得十分明白了。人只要能对内吉外凶的事情在内行之而不在外行之，对于完全与人相违的事守静而不做，安分守己遵循常道，那么岂不是无往而不利吗？

【解析】

世间事变幻莫测，占卜只是一种寻凶问吉的外在手段，而核心的要旨在于“人为”。有一句老话叫作“欲不能制则祸流滔天”，这说明“制”的重要性，这个制——就是自律的精神，就是不兴风作浪，不兴作于外，对违背道义的事情做到守静不做，在遵循本分的框架内行事，这就是“存亡祸福，其要在人”的道理。

其实，不管是参禅悟道还是做其他的事情，只要意志坚定，为了自己的目标进行不懈的努力，不为外界的干扰所左右，就一定能冲破阻力，取得成功。人如果有坚定的志向，就像统领着百万大军，威武的神情震撼八方，天长日久地坚持下来，什么事干不成呢？

当我们感觉到生活的枯燥或者痛苦时，并不是因为山河不够壮丽，也不是因为世界不够美丽，更不是人生不够绚丽，只是我们的心灵被束缚得不自由了。人生中本来就是充满着太多的如此，为工作、为感情、为家庭，何必想得太多呢，给自己一份自由的空间，释放心灵上的种种困扰，就会发现生活会是一种不一样的美丽色彩。

第214则
——勤苦痨疾绝，显达寒门多

【原文】

每见勤苦之人绝无痨（láo）疾①，显达之士多出寒门，此亦盈虚消长之机，自然这理也。

【注释】

①痨（láo）疾：肺结核。

【译文】

常见勤勉刻苦的人绝对不会罹患痨病，而显名闻达之士往往是劳苦出身，这便是盈则亏、消则长的道理，也是大自然固有的规律。

【解析】

盈则亏，消则长，这是事物发展的必然规律。人事纷繁，归纳起来可分“离心”和“向心”两种力，力向外展开为离心之力，力向内收敛则为向心之力。展到极点便收敛，收敛到极点又能展，这就是盈虚消长循环往复的道理。大自然的春夏秋冬，就是这一现象，春者长也，夏者盈也，秋者消也，冬者虚也，这就是物极必反的自然概貌，宇宙间如斯，又何况人者乎？物极必反，乐极生悲，正负二力此消彼长，一张一弛均应顺应趋势。

勤苦之人，事必躬亲，极少染上痨病，而养尊处优之人则百病缠身；显达之人多是寒门出身，而豪门大户多滋生纨绔子弟，这就是物极必反的现象。所以世人要“凡事作豁达观”，善于处逆境而奋发图强，处顺境则居安思危，如此才能“持盈守泰”，保持长久的冷静心态，以防过犹不及的弊端。

第215则
——利己是害己，肯下能上人

【原文】

欲利己，便是害己；肯下①人，终能上人。

【注释】

①肯下：能够屈居人下。

【译文】

想为自己谋利，往往反倒害了自己；能够屈居人下而无怨，终有一天也能居于人上。

【解析】

《晋书·潘尼传》有云，“忧患之接，必生于自私，而兴于有欲”，自私直利，终究失道寡助，反而害己。在“义利之辨”上，我们应该“重义轻利”，做到“义以为质”“义以为上”，不能因为一己的私利重利轻义、见利忘义。荀子说：“胜利者为治世，利克义者为乱世”，从当前倡导的道德观来讲，“正其义而不谋其利”方是我们建立基本的道德观念和改善腐败贪污等不良社会现状的最佳着眼点，如此才能“挽狂澜于即倒，扶大厦于将倾”。“屈己者，能处众象好胜者，必遇敌。事不三思总有败，人能百忍自无忧。是非以不辩为解脱，烦恼以忍辱为智慧，办事以尽力为有功。”这是存身于世的一种智慧，甘为人下不是懦弱，而是一种忍辱负重的品质。忍耐是一种修养与度量，是一种“刀捅心头而不惊”的气度，忍得了胯下之辱、占攻之欺，遥想当年司马迁忍受了宫刑的耻辱，才完成了“究天人之际，通古今之变，成一家之言”的《史记》。

第216则
——周公美才，源于德也

【原文】

古之克孝[1]者多矣，独称虞舜为大孝，盖能为其难也；古之有才者众矣，独称周公为美才，盖能本于德也。

【注释】

①克孝：能够尽孝道。

【译文】

古来能够尽孝道的人很多，然而独称虞舜为大孝之人，这是因为他能在孝道上为人所难为之事；自古以来有才能的人很多，然而单称赞周公为俊才之美，这是因为周公的才能以道德为根本。

【解析】

古人云“夫孝，天之经也，地之义也，人之行也”，这是一种道德观的彰显。“百善孝为先”，虞舜之所以被称为“大孝”，是因为他能行难为之事。相传他的父亲瞽叟眼瞎，不辨善恶偏听偏信，同虞舜的继母、异母弟象多次想害死他：让舜修补谷仓仓顶时，从谷仓下纵火，舜手持两个斗笠跳下逃脱；让舜掘井时，瞽叟与象却下土填井，舜掘地道逃脱。事后，舜依然毫不记恨，仍然对父亲恭顺，对弟弟慈爱。其孝行感动了天帝，历山耕种时大象替他耕地，鸟代他锄草，而帝尧听说舜非常孝顺且有处理政事的才干后，就把两个女儿娥皇和女英嫁给他，并经过多年观察选定舜做自己的继承人。即便是舜登天子之位后，依然恭敬看望父亲，并封象为诸侯。正如有才者众多，而独推周公为美才一般。周公之所以称誉于后世，是因为其才能的背后是以

“高尚的德行”为根基，正所谓“德音流千里，功名重泰山”也。再有才华之人，倘若失德，甚于行尸走肉的傀儡，因为德为事业之基，因此，世人莫忘“崇道而忘势，行义而忘利”的道理。正如孔老夫子所云“如有周公之才之美，使骄且吝，其余不足观也已”，即使是有像周公那样的才能美德，假如骄矜又鄙吝的话，其他的方面又有什么值得去看的呢？好在周公德才皆备，于是乎才世称“周公为美才”也。

第217则
——于情于理，敢于直面

【原文】

不能缩头①者，且休缩头；可以放手者，便须放手。

【注释】

①缩头：逃避。

【译文】

于情于理不应逃避的事，就要勇敢地去面对；可以不放在心上的事，就要将它放下。

【解析】

《易·系辞下》有云“尺蠖之屈，以求信也；龙蛇之蛰，以存身也”，尺蠖是一种蛾的幼虫，脚生在头部和尾部，它行动的时候，必须要将长在尾部的脚移到齐近头部的脚，长在头部的脚再向前移去，如此反复才能前行，是一个不断弯成弓形再放直的过程。以尺蠖作比，说明“能屈能伸”的重要性。该放手时坦然放手是一种智慧。如烟往事俱忘却，心底无私天地宽，这就是“放”的境界，放不是放弃，而是尺蠖般“屈中求进”的策略。古来成大事者，必是能屈能伸的大丈夫，困于逆境时，委曲求全，保存实力以等待转机的降临；处于顺境时，审时度势，乘风万里扶摇直上，这时节便踊跃地伸展，以顺势应时的眼光，更上一层楼。

第218则
——学会蛰居，相时而动

【原文】

居易俟（sì）命①，见然授命，言命者总不外顺受其正；木讷（nè）②近会，巧令③鲜仁，求仁者即可知从入之方。

【注释】

①居易俟（sì）命：处于平易不危的境况下，等待效命的时机来临。

②木讷（nè）：质朴迟钝，没有口才。

③巧令：巧言令色。

【译文】

君子平日素位而行以等待时机，一旦国家有难便奉献自己的生命去挽救国家的命运，讲命运的人，总不外乎将命运承受在应该承受之处；言语不花巧则接近仁德了，反之巧言令色之徒往往没有什么仁心，寻求仁德的人，由此可知该由何处做起才能进入仁道了。

【解析】

《礼记·中庸》有云："上不怨天，下不尤人，故君子居易以俟命，小人行险以徼幸"，为君子者，往往是素位以待天命，心怀天下，以身殉道不苟生，不会因时势的盛衰而变节，也不会因国家的存亡而改旗易帜。

成事者在于一个“变”字，而变通过程中又在于一个“智”字，只有将两者有机地结合起来，方能化不利为有利，为最终画下圆满的句号。面对困境，必须着眼全局，沉着分析形势，注意因势利导，转化不利因素为有利因素，由此找出复起的机会来。随机应变关键是要能看到陷入逆境时，还有哪些对自己有利的因素。最大限度地发挥可以利用的因素，并且充分发挥其效力，让自己走出困境。

这种“居易以俟命”的可贵之处就在于平易而无危险的境地，能做到素位而行，恪守自己的操守，不欺凌弱小，不攀附权贵，不怨天尤人，这就是君子“修身正己”的仁德。“见利思义，见危授命，久要不忘平生之言，亦可以为成人矣。”由此看来，巧舌如簧、趋炎附势的贪生怕死之辈，又有何“仁德”可言，只怕离成为完善之“成人”更远吧。

第219则
——不贪小利，不存私心

【原文】

见小利，不能立大功；存私心，不能谋公事①。

【注释】

①公事：为公众谋事。

【译文】

只能见到小的利益，就不能立下大的功绩；心存私心，就不能为公众谋事。

【解析】

《论语·子路》中隐含着这么一个故事："子夏为莒父宰，问政。子曰：'无欲速，无见小利。欲速则不达，见小利则大事不成。'"说的是子夏做了莒父的总管，询问孔子如何办理政事，孔子的回答是"不要求快，也不要贪求小利，欲速则不达，贪小利则成不了大气候。"如此看来，"小利"与"私心"，恰是人们不能成就一番事业的绊脚石。

《三国演义》中，有曹操与刘备"青梅煮酒论英雄"那一段，刘备说："河东袁绍，四世三公，门多故吏；今虎踞冀州之地，部下能事者极多，可为英雄？"曹操满脸鄙夷答曰："河北袁绍，色厉胆薄、好谋无断，干大事而惜身，见小利而忘命，非英雄也！"后事正如曹操所料，官渡之战中袁绍空有百万雄兵，畏首畏尾，用人不当，在兵败如山倒之际又自暴自弃，最终落得个子弟相残、河山易主的地步。袁绍之败，其最细微处的原因，是他把有限的精力投入到了眼前可见的蝇头小利之中，如此局促的格局，又如何不导致家破国亡呢。

宋人朱熹就曾说过："见小者之为利，则所就者小，而所失者大失。"这说明细节决定了成败，只见小利，存私心，恐怕不足以谋全局也。

第220则
——正己为率人，守成念创业

【原文】

正己为率①人之本，守成念创业之艰。

【注释】

①率：率领。

【译文】

端正自己，是率领他人的根本；保守已成的事业，要念及当初创立时的艰辛。

【解析】

"正人先正己"，这是为人所信服的根本。"其身正，不令而行；其身不正，虽令而不从"，要率领引导他人，打铁还需自身硬，只有做到"治人者必先自治，责人者必先自责，成人者必须自成"，才能产生引领他人的效应。

因为有李世民的"励精图治"，所以才有了"贞观之治"的盛世，但李世民并不满足于此，他常常对自己的儿子说"水能载舟，亦能覆舟"，告诫皇子和诸位皇亲贵族不要忘记创业之艰难，也不要漠视老百姓的疾苦，所以他常言"狱食三餐均要念及稼穑的艰难，而一丝一缕都要思及纺织的艰苦"。帝王尚且如此，我们凡人又如何能自恃安适而高枕无忧呢？

第221则
——留个后代榜样，谋个人生恒业

【原文】

在世无过百年，总要作好人，存好心，留个后代榜样；谋生各有恒业[①]，哪得管闲事，说闲话，荒我正经工夫。

【注释】

①恒业：恒久的事业。

【译文】

人活在世上不过百年，总要做个好人、存着善心，为后人留个学习的榜样；谋生是各自恒常的事业，哪有时间去管些无聊的事、说些无聊的话，荒废了正当奋发的好时光。

【解析】

人生在世如白驹过隙，回眸间便匆匆度过，笑谈之间行走人世的最高法则，可以说简而言之就是“做个好人，留存好心”了，这是最无须心机、最朴拙踏实的真理。所谓留存好心，便是用“良心”来待人面世，正如孟老夫子所言：“恻隐之心，人皆有之；羞恶之心，人皆有之；恭敬之心，人皆有之；是非之心，人皆有之象。”既然这是人的天性，为何我们不能让它发扬光大呢？一个“好”字，便是一个“信”字，只有“仁、义、礼、智、信”五常兼备，才具备做人的基本德行，这就是等同于佛家所言之“无贪、无嗔、无痴”三善根也，如此安良豁达的人生态度，大抵堪称后代楷模了吧。再言谋生之道。生当谋业，而谋业贵在一“专”字，荒废工夫的，往往是“管闲事、说闲话”的弊端。如果操持恒业也能做到“各美其美，美人之美”

的境界，那大抵就能修身养性长才干了。唐人韩愈《进学解》里所言：“业精于勤，荒于嬉；行成于思，毁于随。”大意就是“学业由于勤奋而精通，但它却荒废在嬉笑玩耍中；事情由于反复思考而成功，但它却能毁灭于随大溜”，这岂不是与“闲事闲话，荒芜事业”存在着异曲同工之妙吗？故“守恒业，事将成”，而喧闹于世必颓废于事，徒留遗憾罢了。

参考文献

［1］徐永斌，评注．围炉夜话［M］．北京：中华书局，2007.

［2］雷明君，译评．围炉夜话［M］．武汉：崇文书局，2015.

［3］何淑宜，注释．围炉夜话［M］．北京：中信出版社，2014.

［4］焦金鹏．围炉夜话精粹［M］．北京：二十一世纪出版社，2015.

［5］朱广珍，校注．围炉夜话解说［M］．上海：上海大学出版社，2012.